Primarstufe

MATHEMATIK

Themenbuch

LM
V=
=Z

Projektleitung und Gesamtkonzept
Bernhard Keller (PH Zürich)
Roland Keller (PH Zürich)
Marion Diener (PH Zürich)

Autorenteam
Marion Diener
Bernhard Keller
Roland Keller
Verena Kummer
Erica Meyer-Rieser
René Schelldorfer
Heidi Studer Brodmann

Gestaltung
Umschlag Anja Naef, naef-grafik.ch
Inhalt Prisca Itel-Mändli, typobild

Illustrationen
Bruno Muff

Fotos
Umschlag imagepoint.biz
Inhalt Giorgio Balmelli
Weitere Fotos siehe Quellennachweis

© 2015 Lehrmittelverlag Zürich
6. Auflage 2021
In der Schweiz klimaneutral gedruckt auf FSC-Recyclingpapier
ISBN 978-3-03713-477-1

www.lmvz.ch
www.mathematik-primar.ch

Inhaltsverzeichnis

Brüche

Das sind Brüche:

$\frac{3}{4}$ ½   ¼ $\frac{2}{3}$ $\frac{7}{10}$

Brüche können unterschiedlich geschrieben werden.
In der Mathematik wird der Bruchstrich waagrecht gezogen.

Die Schweiz im Eishockey-Glück

Die Weichen für den Sieg stellte
die Schweizer Eishockey-National-
mannschaft bereits im 1. Drittel. Das
wegweisende Tor zur 2:1-Führung

In einer Dreiviertelstunde
beginnt das Tennisspiel.

---

1   **Die Welt der Brüche**

a   • Wie viele Minuten dauert eine Viertelstunde?
     • Wie viele Minuten dauert eine Dreiviertelstunde?
     • Wie lange dauern Fünfviertelstunden?

b   • Im Eishockey dauert ein Drittel 20 Minuten. Wie lange dauern zwei Drittel?
     Wie lange dauern drei Drittel?
     • Finde weitere Brüche, die im Sport verwendet werden. Notiere sie.

c   • Amélie verteilt aus einer Schachtel mit 8 Pralinen die Hälfte.
     Wie viele Pralinen verteilt Amélie?
     • Livio verteilt aus einer Schachtel mit 6 Pralinen einen Drittel.
     Wie viele Pralinen bleiben in der Schachtel?

d   Notiere eigene Fragen, in denen Brüche vorkommen.

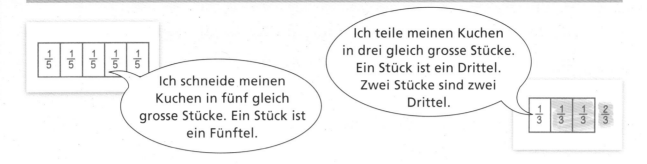

2 **Teile die Lasagne.**

Teile die Lasagne in drei Stücke und nimm ein Stück weg.

a Zeichne eine Lasagne. Notiere die Stücke, die du wegnimmst, als Bruch.

- Teile die Lasagne in vier Stücke und nimm ...
  ... ein Stück weg.
  ... zwei Stücke weg.
  ... drei Stücke weg.

- Teile die Lasagne in sechs Stücke und nimm ...
  ... ein Stück weg.
  ... zwei Stücke weg.
  ... drei Stücke weg.

b Zeichne eine Lasagne und färbe den Bruchteil ein.

- $\frac{1}{2}$ einer Lasagne

- $\frac{2}{3}$ einer Lasagne

3 **Teile Törtchen.**

Zeichne auf, wie viel jede Person erhält.
Vier Personen teilen sich ...
... ein Törtchen.
... zwei Törtchen.
... drei Törtchen.

4 **Teile Schokoladentafeln.**

- Wie viele Stückchen sind es, wenn du die Hälfte der Schokoladentafel abbrichst?
- Wie viele Stückchen sind es, wenn du einen Viertel der Schokoladentafel abbrichst?

Bruchstrich $\frac{3}{4}$ Zähler
Nenner

5

5 Welcher Bruch wird dargestellt: $\frac{1}{2}$, $\frac{1}{3}$ oder $\frac{3}{4}$?

a
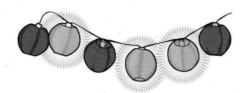

b
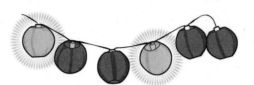

c

d

6 a Beschreibe eine Situation zu $\frac{1}{6}$.

b Beschreibe eine Situation zu $\frac{3}{5}$.

7 Zeichne mindestens drei verschiedene Bilder zu $\frac{1}{4}$.

8 Erkläre, was die 2 und die 5 beim Bruch $\frac{2}{5}$ bedeuten.

9 Zeichne auf, wie viel jede Person erhält. Schreibe den passenden Bruch dazu.

a Drei Personen teilen sich eine Pizza.   b Sechs Personen teilen sich eine Pizza.

c Sechs Personen teilen sich zwei Pizzas.   d Drei Personen teilen sich zwei Pizzas.

e Sechs Personen teilen sich drei Pizzas.   f Drei Personen teilen sich vier Pizzas.

10 Wie viel erhält jede Person? Notiere die Anzahl Pralinen und den entsprechenden Bruch.

Fünf Personen teilen sich 15 Pralinen.

Jede Person erhält 3 Pralinen.
Jede Person erhält $\frac{1}{5}$ der Pralinen.

a Drei Personen teilen sich 12 Pralinen.   b Vier Personen teilen sich 12 Pralinen.

c Sechs Personen teilen sich 12 Pralinen.   d Drei Personen teilen sich 18 Pralinen.

e Sechs Personen teilen sich 18 Pralinen.   f Neun Personen teilen sich 18 Pralinen.

11 Bruchteile eines Meters

Bestimme, wie viele Zentimeter dem Bruchteil des Meters entsprechen.

$\frac{1}{2}$ m

$\frac{1}{2}$ m = 1 m : 2 = 1 0 0 cm : 2 = $\underline{5\,0\,cm}$

a $\frac{1}{10}$ m

$\frac{3}{10}$ m

b $\frac{1}{4}$ m

$\frac{3}{4}$ m

c $\frac{1}{5}$ m

$\frac{2}{5}$ m

12 Bruchteile eines Kilogramms

Bestimme, wie viele Gramm dem Bruchteil des Kilogramms entsprechen.

$\frac{1}{2}$ kg

$\frac{1}{2}$ kg = 1 kg : 2 = 1 0 0 0 g : 2 = $\underline{5\,0\,0\,g}$

a $\frac{1}{4}$ kg

$\frac{1}{5}$ kg

b $\frac{1}{10}$ kg

$\frac{1}{8}$ kg

c $\frac{3}{4}$ kg

$\frac{7}{10}$ kg

13 a Es gibt Brüche, bei denen ist der Zähler gleich gross wie der Nenner (Beispiele: $\frac{3}{3}$, $\frac{4}{4}$).
Was bedeutet das?

b Es gibt Brüche, bei denen ist der Zähler grösser als der Nenner (Beispiele: $\frac{5}{4}$, $\frac{7}{2}$).
Was bedeutet das?

Bruchmodelle

Brüche im Kreismodell

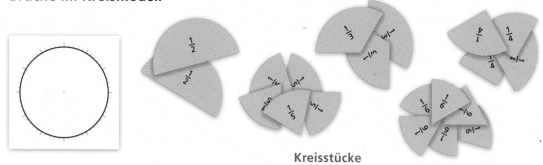

Kreisstücke

a   Welchen Brüchen entsprechen die eingefärbten Teile der Kreise? Notiere die Brüche.

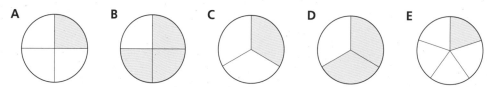

A   B   C   D   E

b   ‣ Zeichne von Hand fünf Kreise und beschrifte sie mit A bis E.
   ‣ Teile jeden Kreis (A bis E) in gleich grosse Stücke ein.
     A: Hälften   **B:** Viertel   **C:** Sechstel   **D:** Sechstel   **E:** Fünftel
   ‣ Färbe die Bruchteile ein.
     A: $\frac{1}{2}$ **B:** $\frac{2}{4}$ **C:** $\frac{3}{6}$ **D:** $\frac{5}{6}$ **E:** $\frac{2}{5}$

c   Lege einen ganzen Kreis mit Kreisstücken. Schreibe und zeichne auf, welche Kreisstücke du dazu benötigst. Finde verschiedene Möglichkeiten, wie ein ganzer Kreis
   zusammengesetzt werden kann.

Brüche im Streckenmodell

a   Welchen Brüchen entsprechen
   die eingefärbten Streckenabschnitte?
   Notiere die Brüche.

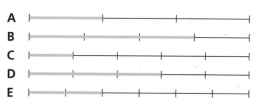

b   ‣ Zeichne von Hand fünf gleich lange Strecken und beschrifte sie mit A bis E.
   ‣ Teile jede Strecke (A bis E) in gleich lange Streckenabschnitte ein.
     A: Viertel   **B:** Drittel   **C:** Sechstel   **D:** Sechstel   **E:** Sechstel
   ‣ Färbe die Bruchteile ein.
     A: $\frac{1}{4}$ **B:** $\frac{2}{3}$ **C:** $\frac{1}{6}$ **D:** $\frac{4}{6}$ **E:** $\frac{5}{6}$

3 Brüche im Rechteckmodell

a Welchen Brüchen entsprechen die eingefärbten Teile der Rechtecke?
Notiere die Brüche.

A   B   C   D   E

b ▸ Zeichne von Hand fünf Rechtecke und beschrifte sie mit A bis E.
▸ Teile jedes Rechteck (A bis E) in gleich grosse Stücke ein.
  A: Drittel **B:** Viertel **C:** Achtel **D:** Fünftel **E:** Sechstel
▸ Färbe die Bruchteile ein.
  A: $\frac{2}{3}$ **B:** $\frac{3}{4}$ **C:** $\frac{6}{8}$ **D:** $\frac{2}{5}$ **E:** $\frac{5}{6}$

c In beiden Rechtecken ist $\frac{1}{4}$ eingefärbt.

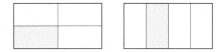

Zeichne mehrere gleiche Rechtecke. Zeige verschiedene Möglichkeiten auf,
wie du $\frac{1}{2}$ darstellen kannst.

d Zeichne mehrere gleiche Rechtecke. Zeige verschiedene Möglichkeiten auf,
wie du $\frac{1}{8}$ darstellen kannst.

4 Brüche im Rechteckmodell auf Häuschenpapier

a Welcher Bruchteil des Rechtecks ist jeweils eingefärbt? Notiere die Brüche.

A   B   C   D   E

b Stelle jeden Bruch in unterschiedlichen Rechtecken dar: $\frac{1}{3}$, $\frac{1}{4}$ und $\frac{5}{6}$.

c ▪ Zeichne ein Rechteck, in dem du $\frac{1}{5}$ gut einfärben kannst.
  ▪ Zeichne ein Rechteck, in dem du $\frac{1}{8}$ gut einfärben kannst.
  ▪ Zeichne ein Rechteck, in dem du sowohl $\frac{1}{5}$ als auch $\frac{1}{8}$ gut einfärben kannst.

5 Lege Brüche mit Kreisstücken.

a Lege einen halben Kreis mit Kreisstücken. Schreibe und zeichne auf, welche Kreisstücke du dazu benötigst. Finde verschiedene Möglichkeiten, wie ein halber Kreis zusammengesetzt werden kann.

b Lege einen ganzen Kreis mit 4 Kreisstücken.
Notiere die Gleichung.
Finde verschiedene Möglichkeiten.

c Lege einen ganzen Kreis mit 5 Kreisstücken.
Notiere die Gleichung.
Finde verschiedene Möglichkeiten.

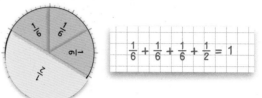

$$\frac{1}{6} + \frac{1}{6} + \frac{1}{6} + \frac{1}{2} = 1$$

6 Vergleiche die im Streckenmodell dargestellten Brüche.
Formuliere drei Aussagen dazu.

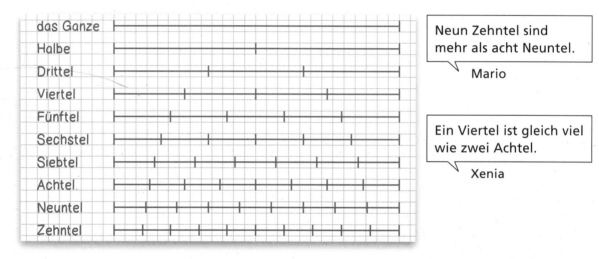

Neun Zehntel sind mehr als acht Neuntel.

Mario

Ein Viertel ist gleich viel wie zwei Achtel.

Xenia

7 a Wie viele Fünftel sind gleich viel wie 2 Ganze? Zeichne und notiere die Anzahl Fünftel.

b Wie viele Siebtel sind gleich viel wie 2 Ganze? Zeichne und notiere die Anzahl Siebtel.

8 In welchen Rechtecken (A bis D) kann der Bruch gut eingefärbt werden?

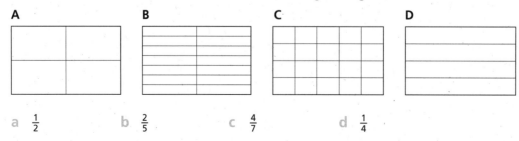

a $\frac{1}{2}$ b $\frac{2}{5}$ c $\frac{4}{7}$ d $\frac{1}{4}$

9 Stelle den Bruch dar.

a $\frac{3}{2}$　　　　b $\frac{5}{4}$　　　　c $\frac{4}{2}$　　　　d $\frac{5}{3}$　　　　e $\frac{9}{6}$

---

10 Stimmt die Aussage? Begründe deine Antwort.

a

«Die eingefärbten Flächen sind unterschiedlich gross. Deshalb können nicht beide $\frac{1}{4}$ darstellen.»

b

«Die eingefärbten Flächen sehen unterschiedlich aus. Deshalb können nicht beide $\frac{1}{4}$ darstellen.»

c «8 ist grösser als 4, also ist $\frac{1}{8}$ auch grösser als $\frac{1}{4}$.»

---

11 Das Bild zeigt den Bruchteil einer Figur.
Zeichne den Bruchteil auf Häuschenpapier.
Zeichne zwei verschiedene Möglichkeiten, wie die ganze Figur aussehen könnte.

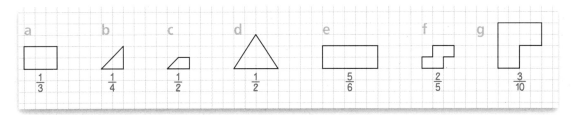

---

12 Stimmt die Aussage? Begründe deine Antwort.

a

«Ich habe einen Sechstel dargestellt.»

b

«Ich habe einen Achtel dargestellt.»

c

«Ich habe einen Viertel dargestellt.»

Anteile

1 **Anteile einer Gruppe**

Eine Gruppe besteht aus 12 Personen.

a $\frac{1}{2}$ der Gruppe sind Knaben. Wie viele Knaben hat die Gruppe?

b $\frac{1}{3}$ der Gruppe trägt eine Mütze. Wie viele Personen tragen eine Mütze?

c $\frac{1}{4}$ der Gruppe trägt eine Brille. Wie viele Personen tragen eine Brille?

d Schreibe zwei eigene Aussagen zum Bild, in denen Brüche vorkommen.

Eine Gruppe besteht aus 20 Personen.
Wie viele Personen sind $\frac{3}{4}$ dieser Gruppe?

Ich stelle jede Person mit einem Wendepunkt dar. Die Wendepunkte teile ich in vier Gruppen auf. Die Wendepunkte von drei Häufchen sollen blau sein.

Fatma

$5 + 5 + 5 = 15$

Ich teile 20 durch 4. Dann weiss ich, wie viel ein Viertel ist. Danach multipliziere ich mit 3, damit ich drei Viertel erhalte.

Daniela

$20 : 4 = 5$
$5 \cdot 3 = 15$

Immer 3 von 4 Wendepunkten sind blau.

Kai

$3 + 3 + 3 + 3 + 3 = 15$

2 **Stelle mit Wendepunkten dar und bestimme die Anteile.**

a $\frac{1}{4}$ von 12

b $\frac{1}{4}$ von 20

c $\frac{1}{5}$ von 20

d $\frac{1}{3}$ von 18

e $\frac{1}{6}$ von 24

$\frac{2}{4}$ von 12

$\frac{2}{4}$ von 20

$\frac{2}{5}$ von 20

$\frac{2}{3}$ von 18

$\frac{2}{3}$ von 24

$\frac{3}{4}$ von 12

$\frac{3}{4}$ von 20

$\frac{3}{5}$ von 20

$\frac{1}{6}$ von 18

$\frac{5}{6}$ von 24

Du hast 20 Wendepunkte. Welchen Bruch stellen 4 Wendepunkte davon dar?

Pierre: Ich kann fünf Vierer-gruppen machen. Eine Vierergruppe ist blau, das ist $\frac{1}{5}$.

Vanessa: Ich habe zehn Zweiergruppen gelegt. Zwei Zweiergruppen sind blau, das entspricht $\frac{2}{10}$.

Gian: Ich habe 20 Wendepunkte. Vier Wendepunkte sind blau, das sind $\frac{4}{20}$.

3 **Bestimme den Anteil der blauen Wendepunkte als Bruch.**

a

b

c

d

e

f

g Lege drei Muster mit roten und blauen Wendepunkten. Zeichne die Muster ab. Bestimme den Anteil der blauen Wendepunkte als Bruch.

4 **Bestimme den Anteil der blauen Wendepunkte als Bruch.**

a 2 von 20 sind blau.   b 5 von 10 sind blau.   c 12 von 20 sind blau.
8 von 20 sind blau.   5 von 20 sind blau.   24 von 40 sind blau.
16 von 20 sind blau.   5 von 40 sind blau.   36 von 60 sind blau.

5 **Bestimme die Anteile.**

a $\frac{1}{2}$ von 100   b $\frac{1}{2}$ von 1000   c $\frac{1}{5}$ von 10   d $\frac{1}{10}$ von 10

$\frac{1}{4}$ von 100 $\frac{1}{4}$ von 1000 $\frac{1}{5}$ von 100 $\frac{3}{10}$ von 100

$\frac{2}{4}$ von 100 $\frac{2}{4}$ von 1000 $\frac{3}{5}$ von 100 $\frac{1}{8}$ von 1000

$\frac{3}{4}$ von 100 $\frac{3}{4}$ von 1000 $\frac{3}{5}$ von 1000 $\frac{3}{8}$ von 1000

6   Stelle mit Wendepunkten dar und bestimme die Anteile.

$\frac{4}{5}$ **von 20**

a $\frac{1}{5}$ von 25   b $\frac{1}{4}$ von 8   c $\frac{1}{3}$ von 15   d $\frac{1}{4}$ von 20

    $\frac{3}{5}$ von 25 $\frac{3}{4}$ von 8 $\frac{2}{3}$ von 15 $\frac{3}{4}$ von 20

7   Bestimme die Anteile.

a $\frac{1}{4}$ von 60   b $\frac{1}{5}$ von 60   c $\frac{1}{6}$ von 60   d $\frac{1}{10}$ von 60

    $\frac{3}{4}$ von 60 $\frac{3}{5}$ von 60 $\frac{5}{6}$ von 60 $\frac{7}{10}$ von 60

e $\frac{1}{2}$ von 100   f $\frac{1}{10}$ von 100   g $\frac{1}{20}$ von 100   h $\frac{1}{25}$ von 100

    $\frac{1}{5}$ von 100 $\frac{3}{10}$ von 100 $\frac{10}{20}$ von 100 $\frac{10}{25}$ von 100

i $\frac{1}{4}$ von 1000   j $\frac{1}{5}$ von 1000   k $\frac{1}{10}$ von 1000   l $\frac{1}{8}$ von 1000

    $\frac{3}{4}$ von 1000 $\frac{2}{5}$ von 1000 $\frac{3}{10}$ von 1000 $\frac{7}{8}$ von 1000

8   Bestimme die Anteile. Was fällt dir auf? Versuche, deine Beobachtung zu erklären.

a $\frac{1}{5}$ von 100   b $\frac{1}{2}$ von 10

    $\frac{1}{50}$ von 100 $\frac{1}{20}$ von 100

9   Stimmt die Aussage? Begründe deine Antwort.

a   «$\frac{3}{4}$ von 40 sind gleich viel wie $\frac{6}{8}$ von 40.»

b   «$\frac{2}{6}$ von 30 sind mehr als $\frac{2}{5}$ von 30.»

c   «$\frac{3}{4}$ von 20 sind gleich viel wie $\frac{3}{8}$ von 40.»

d   «$\frac{2}{5}$ von 60 sind mehr als $\frac{4}{5}$ von 100.»

10 Bestimme den Anteil der blauen Wendepunkte als Bruch. Schreibe mindestens eine Möglichkeit auf.

a

b

c

d

e

f

g

h

i

11 Bestimme den Anteil der blauen Wendepunkte als Bruch. Schreibe zwei Möglichkeiten auf.

a   4 von 10 sind blau.
40 von 100 sind blau.
400 von 1000 sind blau.

b   2 von 12 sind blau.
4 von 12 sind blau.
6 von 12 sind blau.

c   6 von 15 sind blau.
12 von 30 sind blau.
24 von 60 sind blau.

Routine

12 Bestimme die Anteile.

a $\frac{1}{2}$ von 10

$\frac{1}{5}$ von 10

$\frac{1}{2}$ von 100

$\frac{1}{10}$ von 100

b $\frac{1}{2}$ von 1000

$\frac{1}{4}$ von 1000

$\frac{1}{5}$ von 1000

$\frac{1}{8}$ von 1000

c $\frac{2}{4}$ von 100

$\frac{2}{4}$ von 1000

$\frac{4}{5}$ von 100

$\frac{4}{5}$ von 1000

d $\frac{7}{10}$ von 100

$\frac{7}{10}$ von 1000

$\frac{3}{4}$ von 100

$\frac{5}{8}$ von 1000

Zum Weiterdenken: S. 151, Aufgaben 6 bis 8

Raster und Koordinaten

Koordinaten

Die Lage eines Punktes wird durch
zwei Koordinaten beschrieben.

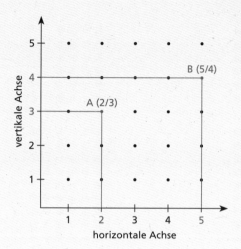

Der Punkt A hat die Koordinaten (2/3).
Der Punkt B hat die Koordinaten (5/4).

1 **Notiere die Koordinaten der markierten Punkte (A bis H).**

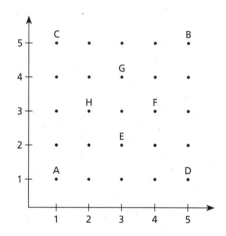

2 **Bilden die vier Punkte ein Rechteck?**

Zeichne ein Koordinatensystem auf Häuschenpapier.
Beschrifte die horizontale und die vertikale Achse mit
den Zahlen von 1 bis 5.

Trage die Punkte im Koordinatensystem ein.
Bilden sie ein Rechteck?

a   A (5/2), B (2/4), C (2/2), D (5/4)

b   E (3/5), F (1/3), G (2/2), H (4/4)

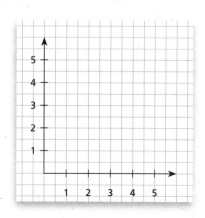

Fläche und Umfang

Die Fläche eines Quadrats mit der Seitenlänge 1 cm beträgt 1 Quadratzentimeter (1 cm²).

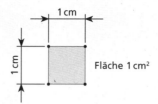

Fläche 1 cm²

3 Bestimme die Fläche und den Umfang der Rechtecke und Quadrate.

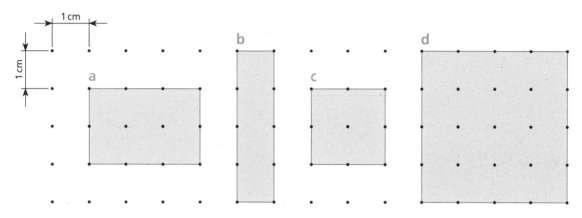

4 Miss die Seitenlängen. Bestimme die Fläche und den Umfang der Vielecke.

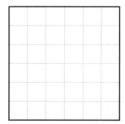

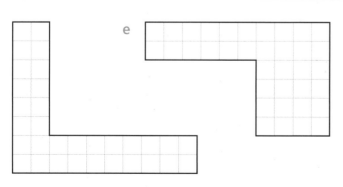

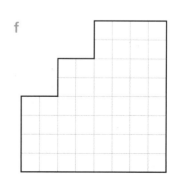

17

5 Zeichne Vielecke in Koordinatensystemen.

‣ Zeichne ein Koordinatensystem auf Häuschenpapier und beschrifte die Achsen mit den Zahlen von 1 bis 8.
‣ Trage die Punkte im Koordinatensystem ein.
‣ Verbinde alle Punkte miteinander.

A (2/2), B (6/6), C (8/2), D (3/7)

a   A (2/3), B (8/6), C (5/1), D (4/8)

b   E (6/7), F (3/2), G (3/5), H (7/4)

c   I (3/7), J (1/4), K (4/1), L (8/3), M (7/6)

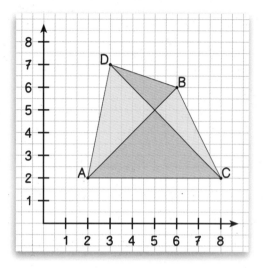

6 Zeichne Quadrate in Koordinatensystemen.

‣ Zeichne ein Koordinatensystem auf Häuschenpapier und beschrifte die Achsen mit den Zahlen von 1 bis 8.
‣ Trage die zwei gegebenen Punkte im Koordinatensystem ein.
‣ Ergänze die beiden gegebenen Punkte mit zwei weiteren Punkten zu einem Quadrat. Notiere ihre Koordinaten.

a   A (3/2), B (7/2)
A und B bilden eine Seite des Quadrats.

b   A (4/1), B (8/3)
A und B bilden eine Seite des Quadrats.

c   A (1/4), B (5/1)
A und B bilden eine Seite des Quadrats.

d   A (2/5), C (6/5)
A und C bilden eine Diagonale des Quadrats.

e   A (4/2), C (6/6)
A und C bilden eine Diagonale des Quadrats.

f   A (6/4), C (1/7)
A und C bilden eine Diagonale des Quadrats.

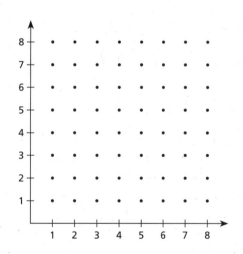

7 Bestimme die Fläche und den Umfang der Rechtecke und Quadrate.

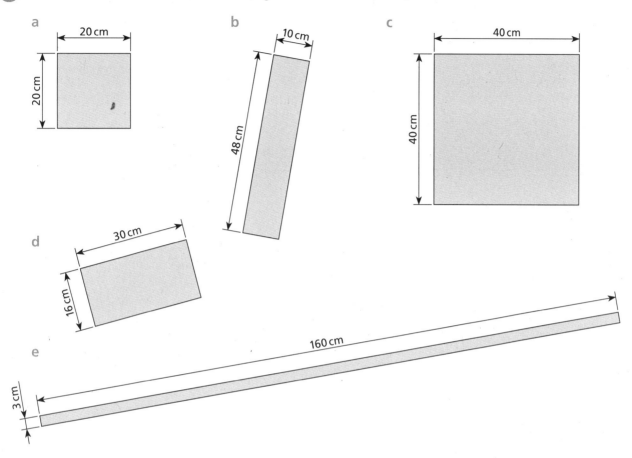

8 Stimmt die Aussage? Begründe deine Antwort. Korrigiere die falschen Aussagen.

a «Der Umfang eines Quadrats mit der Seitenlänge 8 cm ist doppelt so gross wie der Umfang eines Quadrats mit der Seitenlänge 4 cm.»

b «Die Fläche eines Quadrats mit der Seitenlänge 8 cm ist doppelt so gross wie die Fläche eines Quadrats mit der Seitenlänge 4 cm.»

c «Die Fläche eines Quadrats mit der Seitenlänge 6 cm ist 9-mal so gross wie die Fläche eines Quadrats mit der Seitenlänge 2 cm.»

d «Wird die Seitenlänge eines Quadrats vervierfacht, so wird der Umfang 4-mal so gross.»

e «Wird die Seitenlänge eines Quadrats verdoppelt, so wird die Fläche 4-mal so gross.»

Dezimalzahlen

Das sind Dezimalzahlen:

0.008   0.5   0.75   2.50   3,9   62.1   150,05

Dezimalzahlen können mit einem Punkt oder mit einem Komma geschrieben werden.
In diesem Buch werden Dezimalzahlen meist mit einem Punkt geschrieben.
Der Punkt heisst **Dezimalpunkt**.

Die Ziffern rechts vom Dezimalpunkt heissen **Dezimale**.
Die Zahl 45.32 hat zwei Dezimalen.

1 **Die Welt der Dezimalzahlen**

a   Wie viele Rappen sind 1.50 Fr.?
     Schreibe auf, welchen Wert die Ziffer 5 bei 1.50 Fr. darstellt.

b   Wie viele Gramm sind 3.5 kg?
     Schreibe auf, welchen Wert die Ziffer 5 bei 3.5 kg darstellt.

c   Suche nach Angaben, die als Dezimalzahlen mit einem Punkt oder mit einem Komma
     notiert sind. Beschreibe, was die Dezimalzahlen bedeuten.

Würde ich
einen Einerwürfel in 10
gleiche Teile zerteilen,
gäbe es Zehntelteilchen.

| Zehner-stange | Einer-würfel | Zehntel-teilchen | Hundertstel-teilchen | Tausendstel-teilchen |

Die Stellenwerttafel wird nach rechts erweitert.
Rechts von den Einern stehen die Zehntel, Hundertstel und Tausendstel.

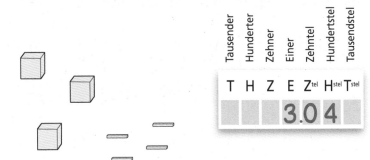

3 Einer und 4 Hundertstel

3.04

«Drei – Punkt – Null – Vier»

2 **Schreibe auf, welchen Wert die rot markierte Ziffer darstellt.**

0.821

2 Hundertstel

a	300.003	b	9.892	c	101.011	d	0.222
	300.003		9.892		100.101		2.202
	300.003		9.892		111.001		202.2

3 **Schreibe die Zahlen mit Ziffern und Dezimalpunkt.**

5 Einer und 6 Tausendstel

5.006

a ▪ 3 Tausendstel

▪ 3 Hundertstel

▪ 3 Einer und 3 Zehntel

b ▪ 7 Tausendstel und 7 Hundertstel

▪ 7 Zehntel und 7 Hundertstel

▪ 7 Tausendstel, 7 Hundertstel und 7 Zehntel

4 **Zerlege die Zahlen in Einer, Zehntel, Hundertstel und Tausendstel.**

3.05

3 Einer und 5 Hundertstel

| a | 2.4 | b | 0.13 | c | 3.03 |
| | 2.04 | | 0.013 | | 0.033 |

5 Lies die Zahlen.

a 0.1
   0.25
   0.548

b 0.01
   0.9
   0.002

c 3.5
   4.14
   1.003

d 4.404
   12.12
   60.006

6 a Schreibe drei Zahlen mit je 5 Tausendsteln auf.

b Schreibe drei Zahlen mit je 4 Zehnteln auf.

c Schreibe drei Zahlen mit je 3 Hundertsteln auf.

7 Welche Zahl ist dargestellt?

a

b

c

d

e

f

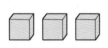

8 Zerlege die Zahlen in Tausender, Hunderter, Zehner, Einer, Zehntel, Hundertstel und Tausendstel.

8.55   8 Einer, 5 Zehntel und 5 Hundertstel

a 40.04
   400.004
   4.4

b 7000.5
   7000.05
   700.005

c 10.9
   100.009
   1.09

9 Schreibe die Zahl mit Ziffern und Dezimalpunkt.

a   5 Tausender und 5 Zehntel

b   5 Zehner und 5 Hundertstel

c   5 Hunderter, 5 Zehner und 5 Zehntel

d   5 Tausendstel und 5 Hundertstel

e   5 Tausendstel, 5 Tausender und 5 Einer

f   5 Zehner, 5 Hundertstel,
    5 Hunderter und 5 Tausendstel

10 Schreibe die Zahl mit Ziffern und Dezimalpunkt. Die Stellenwerttafel kann dir dabei helfen.

15 Zehntel 1.5

a   27 Zehntel

b   40 Zehntel

c   100 Zehntel

d   10 Hundertstel

e   56 Tausendstel

f   22 Zehntel und 12 Tausendstel

g   20 Einer und 20 Hundertstel

h   15 Zehner und 15 Zehntel

11 Stimmt die Gleichung? Begründe deine Antwort.

$\frac{1}{10} = 0.1$

12 Bilde Zahlen mit den Ziffern 0, 4 und 7.

a   Finde alle Möglichkeiten, wie du die drei Ziffernkarten auf eine Stellenwerttafel
    mit Einern, Zehnteln und Hundertsteln legen kannst. An der Hundertstelstelle soll
    keine 0 stehen.
    Schreibe alle möglichen Zahlen auf.

b   Ordne deine Zahlen der Grösse nach.
    Beginne mit der kleinsten Zahl.

Zum Weiterdenken: S. 152, Aufgaben 9 bis 10

Stellenwert

1   **0.246**

Notiere die Rechnung und das Resultat.

a   Addiere einen Zehntel.

b   Subtrahiere einen Zehntel.

c   Addiere einen Zehntel und subtrahiere einen Hundertstel.

d   Subtrahiere einen Zehntel und addiere einen Tausendstel.

2   **Zähle in Schritten.**

a	Mit der Schrittlänge 0.1:	0.5, 0.6, 0.7, ..., 1.6
b	Mit der Schrittlänge 0.1:	0.34, 0.44, 0.54, ..., 1.44
c	Mit der Schrittlänge 0.1 rückwärts:	1.4, 1.3, 1.2, ..., 0.3
d	Mit der Schrittlänge 0.01:	0.02, 0.03, 0.04, ..., 0.13
e	Mit der Schrittlänge 0.01:	0.068, 0.078, 0.088, ..., 0.178
f	Mit der Schrittlänge 0.01 rückwärts:	0.64, 0.63, 0.62, ..., 0.53
g	Mit der Schrittlänge 0.001:	0.001, 0.002, 0.003, ..., 0.012
h	Mit der Schrittlänge 0.001 rückwärts:	0.013, 0.012, 0.011, ..., 0.002

0.1 · 10

1 Zehntel · 10 = 10 Zehntel = 1 Einer

10 Zehntel entsprechen 1 Einer.

3   **Rechne aus.**

0.4 · 10

4 Zehntel · 10 = 40 Zehntel
40 Zehntel = 4 Einer

a		b		c		d	
	10 · 0.9		0.07 · 10		10 · 0.009		0.6 · 1000
	10 · 0.7		0.04 · 10		100 · 0.009		0.6 · 10
	10 · 0.5		0.01 · 10		1000 · 0.009		0.6 · 100

e		f		g		h	
	10 · 0.05		10 · 0.3		2 : 10		3 : 10
	1000 · 0.05		10 · 0.03		0.2 : 10		3 : 100
	100 · 0.05		10 · 0.003		0.02 : 10		3 : 1000

3 Zehntel sind gleich viel wie 30 Hundertstel.

0.31  $\frac{31}{100}$

0.31 = 3 Zehntel und 1 Hundertstel = 31 Hundertstel = $\frac{31}{100}$

4 **Schreibe die Zahlen ...**

a als Dezimalzahl: $\frac{7}{10}$ $\frac{9}{100}$ $\frac{13}{100}$ $\frac{2}{1000}$

b als Bruch: 0.2 0.08 0.005 0.59

Bei Dezimalzahlen werden Nullen nach dem Dezimalpunkt oft nicht geschrieben, wenn ihnen keine andere Wertziffer mehr folgt. Es ist aber nicht falsch, wenn weitere Nullen geschrieben werden: 0.5 = 0.50.

5 **Schreibe auf, aus welchen Zahlen mit einer Wertziffer die Dezimalzahl zusammengesetzt ist.**

3.987   3 0.9 0.08
               0.007

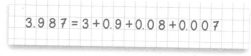

3.987 = 3 + 0.9 + 0.08 + 0.007

a 0.32   b 0.453   c 2.705   d 14.098

e Wähle eine eigene Dezimalzahl und zerlege sie in ihre Teile.

6 **Wie viele verschiedene Zahlen kannst du mit den Stellenwertkarten bilden?**

a 0.2   0.04   0.009

b 5   0.1   0.03   0.005

7   Zähle in Schritten.

a	Mit der Schrittlänge 0.1:	1.7, 1.8, 1.9, ..., 2.8
b	Mit der Schrittlänge 0.1:	4.52, 4.62, 4.72, ..., 5.62
c	Mit der Schrittlänge 0.01:	2.01, 2.02, 2.03, ..., 2.12
d	Mit der Schrittlänge 0.01:	1.135, 1.145, 1.155, ..., 1.245
e	Mit der Schrittlänge 0.001:	0.994, 0.995, 0.996, ..., 1.005
f	Mit der Schrittlänge 0.1 rückwärts:	2.5, 2.4, 2.3, ..., 1.4
g	Mit der Schrittlänge 0.1 rückwärts:	1.94, 1.84, 1.74, ..., 0.84
h	Mit der Schrittlänge 0.01 rückwärts:	0.45, 0.44, 0.43, ..., 0.34
i	Mit der Schrittlänge 0.01 rückwärts:	0.989, 0.979, 0.969, ..., 0.879
j	Mit der Schrittlänge 0.001 rückwärts:	4.105, 4.104, 4.103, ..., 4.094

8   Rechne aus.

Ich nehme die Stellenwerttafel und markiere die Stellen, an denen sich etwas verändert.

$$0.458 + 0.1 = 0.558$$

T H Z E Z^{tel} H^{stel} T^{stel} 0.458

a	0.482 + 0.1		b	0.49 + 0.1		c	0.571 + 0.2
	0.482 + 0.01			0.49 + 0.01			0.571 + 0.04
	0.482 + 0.001			0.49 + 0.001			0.571 + 0.006
d	0.722 − 0.1		e	0.191 − 0.1		f	0.648 − 0.6
	0.722 − 0.01			0.191 − 0.01			0.648 − 0.03
	0.722 − 0.001			0.191 − 0.001			0.648 − 0.002

9   Setze die Teile zu einer Zahl zusammen. Notiere die Zahl.

a | 0.1 | 0.04 | 0.009 | b | 4 | 0.005 | 0.6 | 0.08 |

c | 2 | 0.07 | 0.005 | 20 | d | 0.007 | 7 | 700 |

10   Schreibe die Dezimalzahlen mit möglichst wenigen Ziffern.

a   H Z E Z^{tel} H^{stel} T^{stel} 012.010

b   H Z E Z^{tel} H^{stel} T^{stel} 100.000

c   H Z E Z^{tel} H^{stel} T^{stel} 000.030

d   H Z E Z^{tel} H^{stel} T^{stel} 020.300

11 Stelle die Zahl zuerst mit Stellenwertkarten dar. Entferne die Zehntelkarte, die Hundertstel-
karte oder die Tausendstelkarte. Notiere die dazu passende Rechnung und das Resultat.

Entferne die Zehntel.

0.458 $0.458 - 0.4 = 0.058$

a Entferne die Zehntel.
0.263
0.532
3.971

b Entferne die Hundertstel.
0.263
0.532
3.971

c Entferne die Tausendstel.
0.263
0.532
3.971

12 Bestimme die Differenz zwischen den beiden Zahlen.

a 0.203 und 0.233
9.203 und 5.203

b 0.709 und 0.109
2.2 und 2.23

c 0.45 und 0.452
11.52 und 15.52

13 Schreibe die Zahlen …

a als Bruch.
0.7
0.06
0.25

b als Dezimalzahl.
$\frac{3}{10}$
$\frac{8}{100}$
$\frac{80}{100}$

c als Dezimalzahl.
15 Zehntel
16 Hundertstel
200 Tausendstel

14 Ergänze …

a auf 1.
0.2
0.7
0.99
0.97

b auf 0.1.
0.05
0.08
0.099
0.095

c auf 10.
8.4
2.2
9.6
9.93

15 Rechne aus.

a $5 + 8$
$0.5 + 0.8$
$0.05 + 0.08$
$0.005 + 0.008$

b $12 + 9$
$1.2 + 0.9$
$0.12 + 0.09$
$0.012 + 0.009$

c $16 - 5$
$1.6 - 0.5$
$0.16 - 0.05$
$0.016 - 0.005$

d $0.024 - 0.003$
$0.24 - 0.03$
$2.4 - 0.3$
$24 - 3$

Dezimalzahlen ordnen

Dezimalzahlen auf dem Zahlenstrahl

Wenn du auf dem Zahlenstrahl mit einer Lupe
zwischen zwei Zahlen schaust, siehst du weitere
Zahlen.

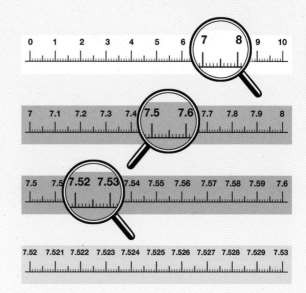

1 **Untersuche die Zahlenstrahl-Abschnitte.**

Welche Zahl ist mit dem Pfeil markiert?

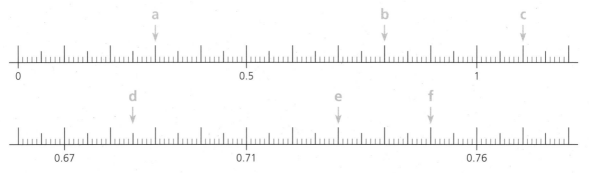

2 **Schreibe die Zahlen-Nachbarn auf.**

> Die Nachbar-Zehntel
> von 0.57 sind 0.5 und 0.6.

Schreibe die ...

a Nachbar-Zehntel auf.
  0.81
  0.769
  0.5
  1

b Nachbar-Hundertstel auf.
  0.614
  0.359
  0.79
  0.4

c Nachbar-Tausendstel auf.
  0.157
  1.155
  0.34
  1.1

Dezimalzahlen auf dem Rechenstrich

Auf dem Rechenstrich werden Dezimalzahlen in der richtigen Reihenfolge angeordnet.
Im Gegensatz zum Zahlenstrahl werden auf dem Rechenstrich nur die Zahlen markiert,
mit denen gearbeitet wird. Die genauen Abstände sind nicht wichtig.

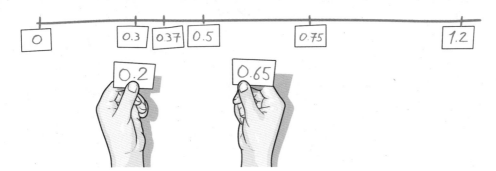

3 **Zeichne einen Rechenstrich und ordne die Zahlen auf dem Rechenstrich.**

a	0.2	b	0.3	c	0.79	d	1.1
	0.6		0.4		0.07		0.99
	1.2		0.37		0.792		1.2
	0.75		0.46		0.7		0.9
	0.41		0.398		0.8		1

Auf dem Rechenstrich kannst du anschaulich
in Schritten vorwärts- oder rückwärtszählen.

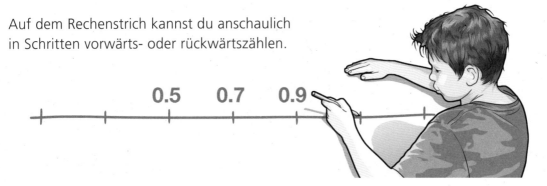

4 **Zähle in Schritten.**

Zeichne einen Rechenstrich. Zähle in gleich grossen Schritten vorwärts und rückwärts.
Notiere je die nächsten zwei Zahlen.

a   0.5   0.7   0.9   b   0.45   0.47   0.49

c   0.9   0.95   1   d   1.14   1.16   1.18

e   Zeichne einen Rechenstrich. Trage darauf eine Zahl ein. Zähle in gleich grossen
Schritten vorwärts und rückwärts. Notiere die nächsten zwei Zahlen.

5 Nimm den Zahlenstrahl-Abschnitt unter die Lupe.

a Zähle in Zehntelschritten von 0 bis 1. Schreibe die Zahlen auf.

0   1

b Zähle in Hundertstelschritten von 0.6 bis 0.7. Schreibe die Zahlen auf.

0.6   0.7

c Zähle in Tausendstelschritten von 0.89 bis 0.9. Schreibe die Zahlen auf.

0.89   0.9

6 Welche Zahlen sind mit Pfeilen markiert?

a    b    c

   0.2   0.3   0.9   1   0.59   0.6

7 Übertrage den Zahlenstrahl-Abschnitt auf Häuschenpapier.

a Wo liegen die Zahlen 0.42 und 0.58?
Markiere die Stellen und beschrifte sie.

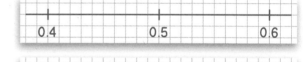

0.4   0.5   0.6

b Wo liegen die Zahlen 0.97 und 1.09?
Markiere die Stellen und beschrifte sie.

0.9   1   1.1

c Wo liegen die Zahlen 0.515 und 0.525?
Markiere die Stellen und beschrifte sie.

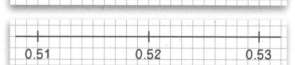

0.51   0.52   0.53

d Wo liegen die Zahlen 0.891 und 0.905?
Markiere die Stellen und beschrifte sie.

0.89   0.9   0.91

8 Stell dir die beiden Zahlen auf einem Zahlenstrahl-Abschnitt vor.

Welche Zahl liegt in der Mitte zwischen …

a 0.5 und 0.7?   b 0.3 und 0.4?   c 0 und 1?   d 0.25 und 0.26?

e 0.4 und 0.8?   f 0.21 und 0.39?   g 4.74 und 4.75?   h 7.5 und 8?

i Wie bestimmst du die Mitte zwischen zwei Zahlen?

9 Zeichne einen Rechenstrich. Trage an den Enden die gegebenen Zahlen ein. Trage dazwischen vier Zahlen ein.

a 0.1 und 0.2   b 0.78 und 0.85   c 3.21 und 3.22   d 4.5 und 5

10 Welche Zahl ist grösser?

a 0.4 oder 0.42   b 0.12 oder 0.02   c 0.89 oder 0.9   d 0.6 oder 0.61

e 0.03 oder 0.3   f 0.221 oder 0.122   g 1.54 oder 1.45   h 5.1 oder 5.099

11 Ordne die Dezimalzahlen der Grösse nach. Beginne mit der kleinsten Dezimalzahl.

a 0.7   0.07   7.07   0.77   7.77

b 0.3   0.033   3.003   0.333   0.003

c 2.061   2.06   2.61   2.16   2.01

12 Zähle in Schritten.

a Mit der Schrittlänge 0.5:   7, 7.5, 8, ..., 12

b Mit der Schrittlänge 0.05:   0.1, 0.15, 0.2, ..., 0.6

c Mit der Schrittlänge 0.005:   0.45, 0.455, 0.46, ..., 0.5

d Mit der Schrittlänge 0.2:   0.4, 0.6, 0.8, ..., 2.4

e Mit der Schrittlänge 0.02:   7, 7.02, 7.04, ..., 7.2

f Mit der Schrittlänge 0.002:   1.554, 1.556, 1.558, ..., 1.572

g Mit der Schrittlänge 0.25:   0, 0.25, 0.5, ..., 2.5

h Mit der Schrittlänge 0.025:   0.3, 0.325, 0.35, ..., 0.5

Routine

13 Schreibe die ...

a Nachbar-Zehntel auf.   b Nachbar-Hundertstel auf.   c Nachbar-Tausendstel auf.

a	b	c
0.9	0.9	0.4
0.1	0.1	0.99
0.77	0.77	0.493
0.191	0.191	0.992

Zum Weiterdenken: S. 154, Aufgaben 13 bis 14

Wertetabellen

Verschiedene Darstellungen einer Wertetabelle:

Menge in kg	Preis in Fr.
1	2.50
2	5.00
3	7.50
4	10.00
5	12.50

Menge in kg	–	Preis in Fr.
1	–	2.50
2	–	5.00
3	–	7.50
4	–	10.00
5	–	12.50

Menge in kg	1	2	3	4	5
Preis in Fr.	2.50	5.00	7.50	10.00	12.50

---

1   **Lege Quadrate mit Hölzchen.**

Jede Seite besteht aus einem Hölzchen.

1 Quadrat   2 Quadrate   3 Quadrate

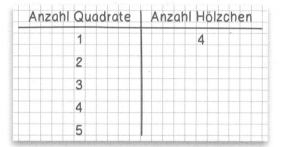

Anzahl Quadrate	Anzahl Hölzchen
1	4
2	
3	
4	
5	

a   Wie viele Hölzchen brauchst du, um 2, 3, 4, 5 Quadrate zu legen? Protokolliere in einer Tabelle.

b   Wie viele Hölzchen brauchst du für 8, 12, 20, 100 Quadrate? Ergänze die Tabelle.

c   Beschreibe den Zusammenhang zwischen der Anzahl Quadrate und der Anzahl Hölzchen.

---

2   **Lege eine Folge von Figuren mit Hölzchen.**

Jede Seite eines Quadrates besteht aus einem Hölzchen.

1 Quadrat   2 Quadrate   3 Quadrate

Anzahl Quadrate	Anzahl Hölzchen
1	4
2	
3	
4	
5	

a   Wie viele Hölzchen brauchst du, um eine Figur von 2, 3, 4, 5 Quadraten zu legen? Protokolliere in einer Tabelle.

b   Wie viele Hölzchen brauchst du für eine Figur von 8, 12, 20, 100 Quadraten? Ergänze die Tabelle.

c   Beschreibe den Zusammenhang zwischen der Anzahl Quadrate und der Anzahl Hölzchen.

3 **Lege quadratische Gitter mit Hölzchen.**

a Aus wie vielen kleinen Quadraten besteht ein quadratisches Gitter mit einer Seitenlänge von 1, 2, 3, 4, 5 Hölzchen? Protokolliere in einer Tabelle.

Seitenlänge des Gitters	Anzahl kleine Quadrate
1 Hölzchen	
2 Hölzchen	
3 Hölzchen	
4 Hölzchen	
5 Hölzchen	

Seitenlänge 1 Hölzchen   Seitenlänge 2 Hölzchen   Seitenlänge 3 Hölzchen

b Aus wie vielen kleinen Quadraten besteht ein quadratisches Gitter mit einer Seitenlänge von 8, 10, 20, 100 Hölzchen? Ergänze die Tabelle.

c Beschreibe den Zusammenhang zwischen der Seitenlänge des Gitters und der Anzahl
kleine Quadrate.

4 **Auf einem Haufen liegen 60 Hölzchen. Verteile die Hölzchen gleichmässig auf
mehrere Haufen.**

a Aus wie vielen Hölzchen besteht jeder Haufen, wenn du die Hölzchen auf 2, 3, 4,
5, 6, 10 Haufen verteilst? Protokolliere in einer Tabelle.

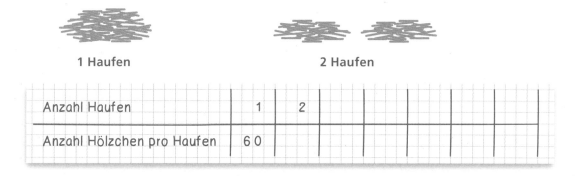

1 Haufen   2 Haufen

Anzahl Haufen	1	2						
Anzahl Hölzchen pro Haufen	6 0							

b Aus wie vielen Hölzchen besteht jeder Haufen, wenn du die Hölzchen auf 12, 20, 30
Haufen verteilst? Ergänze die Tabelle.

c Beschreibe den Zusammenhang zwischen der Anzahl Haufen und der Anzahl
Hölzchen pro Haufen.

5 a Simon zerschneidet Äpfel. Er zerschneidet jeden Apfel in 8 Stücke.
- Wie viele Stücke ergeben 2, 3, 4, 5, 7, 10 Äpfel?
- Beschreibe, wie du die Anzahl der Stücke für eine bestimmte Anzahl Äpfel berechnen kannst.

b Daniela zerschneidet jeden Apfel in 6 Stücke.
Erstelle eine Tabelle mit der Anzahl Äpfel und der Anzahl Stücke für 2, 3, 4, 5, 7, 10, 15, 20 Äpfel.

6 Leonie und Jan haben zusammen 20 Äpfel gesammelt.

Schreibe in einer Tabelle sechs Möglichkeiten auf, wie sie die Äpfel aufteilen könnten.

Leonie	12 Äpfel				
Jan	8 Äpfel				

7 Vanessa hat 21.00 Fr. gespart. In der ersten Ferienwoche verdient sie mit kleinen Arbeiten täglich 9.50 Fr. dazu. Wie viel Geld hat sie nach 6 Tagen?

a Erstelle eine Tabelle, sodass du den Stand des ersparten Geldes täglich ablesen kannst.

Tag	0	1	2			
gespartes Geld in Fr.	21.00					

b Nach wie vielen Arbeitstagen hat Vanessa mehr als 100.00 Fr. gespart?

8 Rafael hat für seine Ferien 78.00 Fr. gespart. Er schätzt, dass er täglich 7.50 Fr. ausgeben wird.

a Erstelle eine Tabelle mit mehreren Tagen, sodass du den Stand des noch vorhandenen Geldes täglich ablesen kannst.

b Nach wie vielen Tagen hat er voraussichtlich weniger als 30.00 Fr.?

c Nach wie vielen Tagen sind seine Ersparnisse voraussichtlich aufgebraucht?

9 Sara ist 11 Jahre alt. Ihr Bruder Kai ist 5 Jahre alt.

a Erstelle eine Tabelle, aus der du ablesen kannst, wie alt Sara und Kai jeweils in 2, 3, 5, 10, 13 Jahren sind.

b Vor wie vielen Jahren war Sara genau 3-mal so alt wie Kai?

10 Herr Nielsen ist mit seiner Tochter Kim auf einem Spaziergang. Während der Vater zwei Schritte macht, benötigt Kim für die gleiche Distanz drei Schritte.

a Wie viele Schritte macht Kim, wenn ihr Vater 2, 4, 6, 8, 10, 20, 30, 100 Schritte macht? Erstelle eine Tabelle.

b Wie viele Schritte macht Kim, wenn ihr Vater 16, 24, 50, 80 Schritte macht?

c Wie viele Schritte macht der Vater, wenn Kim 18, 24, 51, 90 Schritte macht?

d Wie viele Schritte macht Kim, wenn ihr Vater 5, 9, 15 Schritte macht?

11 Für eine Bastelarbeit wird ein 36 cm langer Holzstab in 12 jeweils 3 cm lange Stücke zersägt.

Wie viele Stücke gibt es, wenn ein gleich langer Stab in 2 cm, 4 cm, 6 cm, 9 cm lange Stücke zersägt wird? Erstelle eine Tabelle.

Stücklänge	3 cm	2 cm	4 cm	6 cm	9 cm
Anzahl Stücke	12				

12 An einem Marktstand hängt eine Preistabelle für Äpfel.

a Vergleiche die Preise für die verschiedenen Apfelmengen. Was fällt dir auf?

b Welchen Preis würdest du für 9 kg und für 75 kg berechnen?
Notiere deine Überlegungen.

Äpfel	Preis
1 kg	3.00 Fr.
2 kg	5.80 Fr.
5 kg	14.00 Fr.
10 kg	25.00 Fr.
50 kg	100.00 Fr.
100 kg	150.00 Fr.

Pro Portion

1 **Erstelle Listen und Tabellen. Berechne den Preis für grössere Mengen.**

Kopfsalat — Stk. 2.80 Fr.
Petersilien — Bund 1.40 Fr.
Karotten — Sack 2.90 Fr.
Zwiebeln — Netz 2.50 Fr.
Maiskolben — Paar 3.30 Fr.
Gurken — Stk. 0.90 Fr.
Radieschen — Bund 1.80 Fr.
Honigmelonen — Stk. 4.50 Fr.

a Erstelle eine Liste mit den Produkten.
Notiere die Preise.

Karotten:	2.90 Fr. pro Sack
Maiskolben:	
Zwiebeln:	

b Erstelle für vier Produkte je eine Preistabelle.
Notiere mindestens vier verschiedene
Mengenangaben.

Karotten:		
Anzahl Säcke	–	Preis
1 Sack	–	2.90 Fr.
3 Säcke	–	
6 Säcke	–	
12 Säcke	–	

c Schreibe weitere Produkte auf, die «pro Stück», «pro Paar» oder «pro Bund»
verkauft werden.

2 **Berechne den Preis für kleinere Mengen.**

Übertrage die Tabellen und ergänze die fehlenden Preise.

a Zitronen

Anzahl	–	Preis
8	–	5.20 Fr.
4	–	
2	–	
1	–	

b Haselnüsse

Säcke	–	Preis
10	–	16.00 Fr.
5	–	
2	–	
1	–	

c Orangen

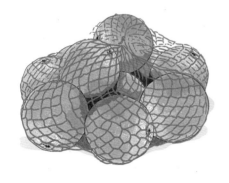

Netze	–	Preis
12	–	31.20 Fr.
6	–	
3	–	
1	–	

d Eier

Anzahl	–	Preis
24	–	15.60 Fr.
12	–	
4	–	
1	–	

3 Erstelle eine Tabelle. Berechne den Preis für verschiedene Mengen.

a Grapefruits werden in Netzen zu 3 Stücken verkauft. Ein Netz kostet 4.00 Fr.
Wie viel kosten 9, 15, 21 Grapefruits?

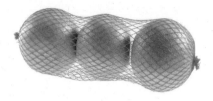

b Äpfel werden in 6er-Packungen zu 4.05 Fr. verkauft.
Wie viel kosten 12, 24, 36 Äpfel?

c 8 Kiwis in der Schale kosten 3.40 Fr.
Wie viel kosten 24, 32, 56 Kiwis?

4 Berechne den Preis.

a 4 Avocados kosten 4.20 Fr. Berechne den Preis pro Avocado.

b Eine Packung mit 8 Flaschen Apfelsaft kostet 14.40 Fr. Berechne den Preis pro Flasche.

c Ein 6er-Abonnement im Erlebnisbad kostet 111.00 Fr. Berechne den Preis pro Eintritt.

d Eine 12-Fahrten-Karte für eine Bergbahn kostet 174.00 Fr. Berechne den Preis pro Fahrt.

5 Rechne aus.

a Eine Portion Risotto kostet 4.00 Fr.
Wie viele Portionen erhältst du für 8.00 Fr., 16.00 Fr., 24.00 Fr.?

b Eine Portion Lasagne kostet 5.20 Fr.
Wie viele Portionen erhältst du für 15.60 Fr., 26.00 Fr., 36.40 Fr.?

c Ein Eintritt ins Kino kostet 17.00 Fr.
Für wie viele Kinoeintritte reichen 102.00 Fr., 153.00 Fr., 255.00 Fr.?

6 Erstelle eine Tabelle. Berechne die gesuchten Preise.

a
b
c

a 4 Tennisbälle kosten
6.00 Fr.
Wie viel kosten
8, 2, 1, 10, 20
Tennisbälle?

b 6 Federbälle kosten
8.40 Fr.
Wie viel kosten
3, 1, 9, 18, 27
Federbälle?

c 5 Squashbälle kosten
17.25 Fr.
Wie viel kosten
10, 1, 6, 16, 22
Squashbälle?

7 Berechne die Höhe.

a Ein Turm aus 16 gleichen Holzwürfeln ist 1 m 28 cm hoch.
Wie hoch ist ein Turm aus 4, 2, 1, 5, 15 Holzwürfeln?

b Ein Turm aus 12 gleichen Holzwürfeln ist 2 m 88 cm hoch.
Wie hoch ist ein Turm aus 6, 3, 1, 4, 15 Holzwürfeln?

c Ein Turm aus 25 gleichen Holzwürfeln ist 3 m 75 cm hoch.
Wie hoch ist ein Turm aus 5, 1, 3, 9, 12 Holzwürfeln?

8 Berechne den Preis.

a Ein Multipack Papiertaschentücher enthält 30 Päckchen.
In jedem Päckchen sind 9 Papiertaschentücher.
Das Multipack kostet 8.10 Fr.
Berechne den Preis pro Papiertaschentuch.

b Ein Pack Toilettenpapier mit 12 Rollen kostet 6.00 Fr.
Jede Rolle enthält 200 Blatt Toilettenpapier.
Berechne den Preis pro Blatt Toilettenpapier.

Zum Weiterdenken: S. 173, Aufgabe 3

Proportional

1 **Erstelle Listen und Tabellen. Berechne Preise für verschiedene Mengen.**

a Erstelle eine Liste mit den Produkten
am Marktstand. Notiere die Preise.

Orangen:	3.20 Fr. pro kg
Knoblauch:	
Süssmost:	

b Erstelle für vier Produkte je eine Preistabelle.
Notiere mindestens vier verschiedene
Mengenangaben.

Orangen:

Menge	–	Preis
1 kg	–	3.20 Fr.
4 kg	–	12.80 Fr.
500 g	–	
4 kg 500 g	–	

· 4 ... · 4

c Schreibe weitere Produkte auf, die «pro 100 g», «pro kg» oder «pro l» verkauft
werden.

Proportionale Wertepaare

Menge – Preis

$:2$ $\begin{cases} 500\,g &- 1.60\,Fr. \\ 1\,kg &- 3.20\,Fr. \\ 2\,kg &- 6.40\,Fr. \end{cases}$ $\begin{matrix} :2 \\ \cdot 2 \end{matrix}$

Wenn ich die Menge verdopple, verdoppelt sich der Preis.
Wenn ich die Menge halbiere, halbiert sich der Preis.
Allgemein:
Wenn ich den einen Wert vervielfache, muss ich den anderen
Wert mit dem gleichen Faktor vervielfachen.

---

2 **Stimmt die Aussage?**

Schreibe die falschen Aussagen so um,
dass sie stimmen.

**Für 115 Fr. erhalte ich dreimal
so viele Euros wie für 35 Fr.**

> Die Aussage stimmt nicht.
> $3 \cdot 35\,Fr. = 105\,Fr.$
> Für 105 Fr. erhalte ich dreimal
> so viele Euros wie für 35 Fr.

a «Wenn ich 1 kg 800 g Trauben kaufe, bezahle ich dreimal so viel, wie wenn ich
600 g Trauben kaufen würde.»

b «Wenn ich 800 g Reis koche, dauert das viermal so lang, wie wenn ich 200 g
Reis koche.»

c «Ich will nur die halbe Menge einer Suppe kochen. Deshalb muss ich von den
Zutaten nur je die Hälfte verwenden.»

d «Wenn meine Eltern 50 l Benzin tanken, bezahlen sie fünfmal so viel, wie wenn
sie 10 l Benzin tanken würden.»

e «Wenn ich doppelt so viel Anlauf nehme, kann ich doppelt so weit springen.»

f «Wenn ich meine Duschzeit halbiere, halbiert sich auch mein Wasserverbrauch.»

g «Die Füsse eines 8-jährigen Kindes sind doppelt so gross wie die Füsse eines
4-jährigen Kindes.»

3 **Berechne den Preis von verschieden langen Seilstücken.**

Proportionale Wertepaare können untereinander auf einem Rechenstrich dargestellt
werden. Übertrage den Rechenstrich und die Werte. Notiere die markierten Längen und
bestimme die entsprechenden Preise.

Länge 0 cm 50 cm   1 m 1 m 50 cm 2 m   4 m   5 m

Preis 0 Fr.   1.20 Fr.

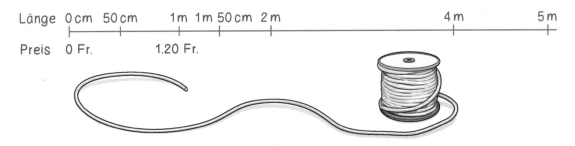

4 Übertrage die Tabelle und berechne die Strecken.

a Ein Gepard rennt auf der Jagd in 3 Sekunden 100 m weit. Wie weit würde der Gepard kommen, wenn er mit gleicher Geschwindigkeit 1 Stunde rennen würde?

Gepard

Zeitdauer	–	Strecke
3 s	–	100 m
15 s	–	
1 min	–	
5 min	–	
15 min	–	
1 h	–	

b Eine Schnecke kriecht in 10 Sekunden 7 mm weit. Wie weit würde die Schnecke kommen, wenn sie mit gleicher Geschwindigkeit 1 Stunde kriechen würde?

Schnecke

Zeitdauer	–	Strecke
10 s	–	7 mm
20 s	–	
1 min	–	
10 min	–	
20 min	–	
1 h	–	

c Ein Faultier legt in 15 Sekunden 55 cm zurück. Wie weit würde das Faultier in 1 Stunde kommen, wenn es mit gleicher Geschwindigkeit weiterklettern würde? Ergänze die Tabelle mit geeigneten Werten.

Faultier

Zeitdauer	–	Strecke
15 s	–	55 cm
	–	

d Eine Libelle fliegt in 2 Sekunden 15 m weit. Wie weit würde die Libelle in 1 Stunde kommen, wenn sie mit gleicher Geschwindigkeit fliegen würde? Ergänze die Tabelle mit geeigneten Werten.

Libelle

Zeitdauer	–	Strecke
2 s	–	15 m
	–	

5 Die Preisliste enthält zwei falsche Preise.

Rechne die falschen Preise so um, dass alle Wertepaare proportional sind.

a
Anzahl	–	Preis
3	–	48 Fr.
7	–	112 Fr.
10	–	158 Fr.
13	–	208 Fr.
14	–	220 Fr.
17	–	272 Fr.

b
Menge	–	Preis
50 g	–	2.30 Fr.
150 g	–	7.05 Fr.
200 g	–	9.40 Fr.
250 g	–	11.60 Fr.
400 g	–	18.80 Fr.
500 g	–	23.50 Fr.

c
Menge	–	Preis
40 l	–	92 Fr.
60 l	–	138 Fr.
120 l	–	296 Fr.
180 l	–	414 Fr.
220 l	–	606 Fr.
360 l	–	828 Fr.

6 Übertrage den Rechenstrich und die Werte. Notiere die markierten Mengen und die entsprechenden Grössenangaben. Stelle deine Rechenschritte mit Pfeilen dar.

a Bodenplatten

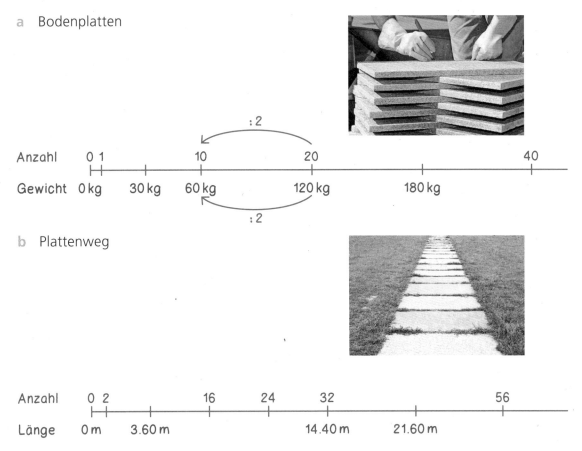

b Plattenweg

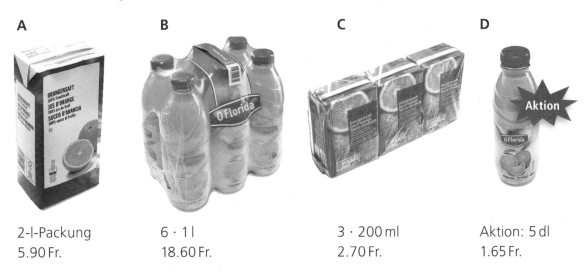

7 Orangensaft wird in verschiedenen Verpackungen angeboten.

Bei welchem Angebot (A bis D) kostet 1 l Orangensaft am wenigsten?

A	B	C	D
2-l-Packung	6 · 1 l	3 · 200 ml	Aktion: 5 dl
5.90 Fr.	18.60 Fr.	2.70 Fr.	1.65 Fr.

Zum Weiterdenken: S. 174, Aufgaben 4 bis 6

Linien

1 **Zeichne Herzen.**

a Wähle ein Herz (A bis D). Zeichne das Herz mit Zirkel und Geodreieck nach.
Beachte die Konstruktionslinien. Beginne mit der breit markierten Linie.
Die Grösse kannst du beliebig wählen.

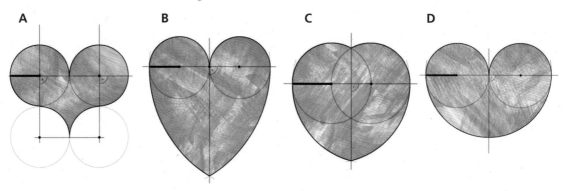

A B C D

b Zeichne mit Zirkel und Geodreieck ein eigenes Herz.

2 **Zeichne Kreisornamente.**

a Wähle ein Kreisornament (A bis C). Zeichne das Kreisornament mit Zirkel
und Geodreieck nach.
Beachte die Konstruktionslinien. Beginne mit der breit markierten Linie.
Die Grösse kannst du beliebig wählen.

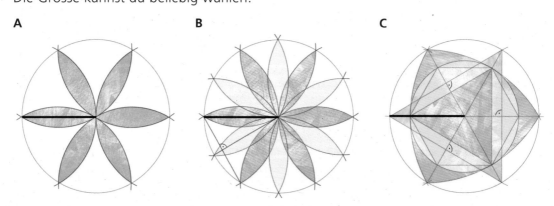

A B C

b Zeichne mit Zirkel und Geodreieck ein eigenes Kreisornament.

3 **Zeichne das Bild von Hand nach.**

a
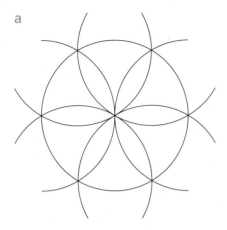

b
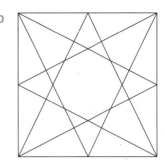

c
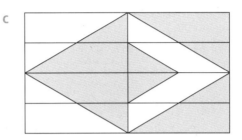

4 **Zeichne Geraden und ihre Schnittpunkte.**

a   Zeichne drei Geraden so, dass es …
… keinen Schnittpunkt gibt.
… einen Schnittpunkt gibt.
… zwei Schnittpunkte gibt.
… drei Schnittpunkte gibt.

b   Wie viele Schnittpunkte
können vier Geraden haben?
Zeichne für jede mögliche
Anzahl Schnittpunkte ein Beispiel.

Zwei Geraden,
die sich schneiden,
haben genau einen
Schnittpunkt.

Kreislinie
Mittelpunkt
Radius
Durchmesser

5 Zeichne Grundformen.

a Zeichne Quadrate.
- ▸ Zeichne von Hand ein Quadrat mit einer Seitenlänge von ungefähr 4 cm.
- ▸ Zeichne über die Handzeichnung mit dem Geodreieck ein Quadrat mit der Seitenlänge 4 cm in einer anderen Farbe.

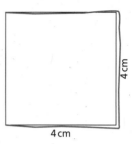

b Zeichne Rechtecke.
- ▸ Zeichne von Hand ein Rechteck mit einer Länge von ungefähr 6 cm und einer Breite von ungefähr 1 cm.
- ▸ Zeichne über die Handzeichnung mit dem Geodreieck ein Rechteck mit einer Länge von 6 cm und einer Breite von 1 cm in einer anderen Farbe.

c Zeichne Kreise.
- ▸ Zeichne von Hand einen Kreis mit einem Radius von ungefähr 4 cm. Markiere den Mittelpunkt.
- ▸ Zeichne mit dem Zirkel vom Mittelpunkt aus einen Kreis mit dem Radius 4 cm.

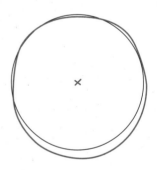

6 Zeichne den Fisch mit Zirkel und Geodreieck nach.

Orientiere dich an der Vorlage.

a

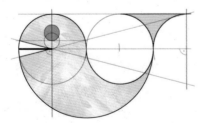

b

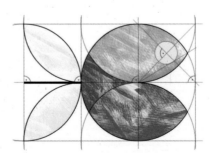

7 Zeichne die Figur mit Zirkel und Geodreieck nach.

Beginne mit der breit markierten Linie.

a

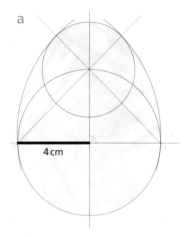

4 cm

b

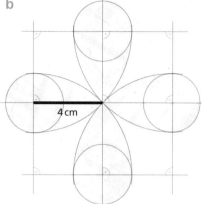

4 cm

c

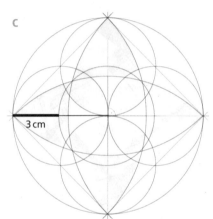

3 cm

d

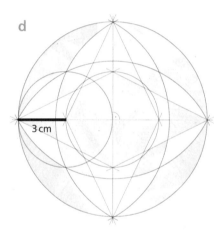

3 cm

8 Finde die Punkte durch Zeichnen mit Zirkel und Geodreieck.

a Zeichne einen Punkt und beschrifte ihn mit A. Finde einige Punkte, die 4 cm von A entfernt sind. Markiere die Punkte rot. Wo liegen sie?

b Zeichne eine Strecke mit der Länge 6 cm und beschrifte die Enden mit A und B. Finde alle Punkte, die …

… 5 cm von A und 6 cm von B entfernt sind. Markiere die Punkte rot.

… 5 cm von A und 5 cm von B entfernt sind. Markiere die Punkte blau.

… 3 cm von A und 8 cm von B entfernt sind. Markiere die Punkte grün.

Addieren und Subtrahieren

Ein geeignetes Vorgehen wählen

1   **705 100 – 13 080**

    a   Wähle ein geeignetes Vorgehen und rechne aus.
        Notiere deine Rechenschritte oder zeichne sie auf dem Rechenstrich.

    b   Auch das sind Rechenwege zu 705 100 – 13 080.
        Ist einer ähnlich wie dein Rechenweg?

Gian

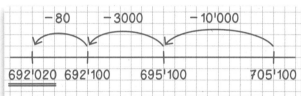

Fatma

$$705'000 - 13'000 = 692'000$$
$$100 - \quad 80 = \quad 20$$
$$692'000 + \quad 20 = 692'020$$

2   **220 000 + 47 000 + 3050**

    a   Wähle ein geeignetes Vorgehen und rechne aus.
        Notiere deine Rechenschritte oder zeichne sie auf dem Rechenstrich.

    b   Auch das sind Rechenwege zu 220 000 + 47 000 + 3050.
        Ist einer ähnlich wie dein Rechenweg?

Livio

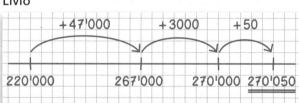

Xenia

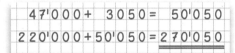

3   **Wähle ein geeignetes Vorgehen und rechne aus.**

Notiere deine Rechenschritte oder zeichne sie auf dem Rechenstrich.

    a   570 500 + 30 508
    b   780 500 – 200 250

    c   123 123 + 654 654
    d   1 000 091 – 400 089

    e   4377 + 9396 + 9709 + 406
    f   400 360 + 200 190 + 300 350

Mehrere Zahlen subtrahieren

4 7520 − 260 − 1300 − 640

   a Wähle ein geeignetes Vorgehen und rechne aus.
      Notiere deine Rechenschritte oder zeichne sie auf dem Rechenstrich.

   b Auch das sind Rechenwege zu 7520 − 260 − 1300 − 640.
      Ist einer ähnlich wie dein Rechenweg?

Jan

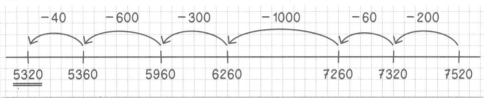

Sara

```
7520 −  260 = 7260
7260 − 1300 = 5960
5960 −  640 = 5320
```

Rafael

```
 260 +  640 =  900
1300 +  900 = 2200
7520 − 2200 = 5320
```

Simon

```
  7520     6220     5960
− 1300   −  260   −  640
  6220     5960     5320
```

Kim

```
 260    7520
1300   −2200
 640    5320
2200
```

5 Wähle ein geeignetes Vorgehen und rechne aus.

Notiere deine Rechenschritte oder zeichne sie auf dem Rechenstrich.

   a 510 000 − 42 000 − 48 000   **b** 84 880 − 2690 − 18 750

   c 6110 − 480 − 275 − 720 − 325   **d** 249 018 − 19 761 − 149 − 5603

Addition		
54 000 + 16 000 = 70 000		
Summand	Summand	Summe

Subtraktion		
42 000 − 9000 = 33 000		
Minuend	Subtrahend	Differenz

6 Wähle ein geeignetes Vorgehen und rechne aus.
Notiere deine Rechenschritte oder zeichne sie auf dem Rechenstrich.

a $39\,070 + 20\,004$

b $70\,444 + 5222$

c $85\,197 + 12\,040$

d $55\,666 + 77\,111$

e $507\,705 + 202\,202$

f $770\,130 + 60\,600$

g $651\,933 + 299\,998$

h $296\,000 + 17\,300$

7 Wähle ein geeignetes Vorgehen und rechne aus.
Notiere deine Rechenschritte oder zeichne sie auf dem Rechenstrich.

a $30\,780 - 20\,400$

b $56\,600 - 52\,590$

c $67\,201 - 29\,999$

d $35\,080 - 24\,070$

e $700\,759 - 423\,000$

f $1\,000\,000 - 130\,700$

g $209\,704 - 190\,400$

h $860\,810 - 350\,310$

8 Rechne aus.

a $9442 + 5439$
$86\,500 + 6852$

b $34\,618 + 55\,682$
$118\,464 + 99\,653$

c $213\,764 + 86\,816$
$989\,908 + 197 + 515\,356$

d $230\,551 + 3510 + 48\,473 + 84\,523$
$624\,397 + 89 + 878\,367 + 7609 + 63\,879$

9 Rechne aus.

a $8859 - 6941$
$90\,183 - 49\,238$

b $178\,208 - 33\,142$
$677\,087 - 639\,483$

c $82\,015 - 5063 - 37\,288$
$930\,130 - 568 - 479\,480$

d $63\,977 - 8091 - 21\,206 - 31\,100$
$1\,000\,000 - 84\,155 - 983 - 64\,992$

10 Rechne aus. Versuche, das Resultat im Kopf zu bestimmen.

a $2900 + 5500$

b $60\,800 + 32\,400$

c $75\,035 + 15\,025$

d $42\,999 + 20\,999$

e $7200 - 4800$

f $46\,000 - 14\,600$

g $28\,075 - 27\,996$

h $733\,000 - 81\,000$

11 Notiere Additionen mit sechsstelligen Zahlen. Rechne sie aus.

   a   Notiere zwei Additionen, die du im Kopf ausrechnen kannst.
   b   Notiere zwei Additionen, die du mit Notizen ausrechnest.
   c   Notiere zwei Additionen, die du schriftlich ausrechnest.

12 Notiere Subtraktionen mit sechsstelligen Zahlen. Rechne sie aus.

   a   Notiere zwei Subtraktionen, die du im Kopf ausrechnen kannst.
   b   Notiere zwei Subtraktionen, die du mit Notizen ausrechnest.
   c   Notiere zwei Subtraktionen, die du schriftlich ausrechnest.

13 Bilde mit den Zahlen im Kasten Additionen und Subtraktionen.

8340	10 025	24 208	30 803
43 602	57 504	67 325	73 180

Schreibe zur Eigenschaft mindestens drei Rechnungen. Das Resultat …

Das Resultat hat 5 Einer.

   a   liegt zwischen 30 000 und 40 000.
   b   hat 7 Tausender.
   c   ist grösser als 40 000 und hat 9 Einer.
   d   hat 7 Hunderter.

8340	30803	24208
67325	−24208	10025
75665	6595	43602
		77835

Routine

14 Rechne im Kopf aus.

a	b	c	d
120 + 560	3400 + 5300	29 000 + 31 000	750 000 + 140 000
650 + 340	4700 + 4400	15 000 + 57 000	380 000 + 210 000
480 + 270	2600 + 8600	45 000 + 62 000	140 000 + 660 000
890 + 130	7200 + 7700	85 000 + 59 000	290 000 + 370 000

15 Rechne im Kopf aus.

a	b	c	d
240 − 190	7600 − 1400	85 000 − 51 000	520 000 − 130 000
860 − 520	4400 − 500	63 000 − 28 000	730 000 − 98 000
1120 − 710	6700 − 2800	114 000 − 34 000	1 000 000 − 270 000
1510 − 130	19 300 − 4300	127 000 − 85 000	1 000 000 − 430 000

Multiplizieren

1 **Rechne aus.**

a 80 · 30
   80 · 300
   80 · 3000

b 500 · 6
   500 · 60
   5000 · 60

c 200 · 40
   20 · 40 000
   2000 · 400

d 400 · 500
   40 · 5000
   40 000 · 50

e 70 · 7000
   700 · 70
   7000 · 700

f 60 · 900
   6000 · 90
   600 · 900

2 **50 · 1206**

a Wähle ein geeignetes Vorgehen und rechne aus. Notiere, was dir hilft, das Resultat auszurechnen.

b Auch das sind Rechenwege zu 50 · 1206. Ist einer ähnlich wie dein Rechenweg?

Amélie

```
50 · 1000 = 50'000
50 ·  200 = 10'000
50 ·    6 =    300
            60'300
```

Mario

```
  5 · 1206
      1  3
      6030

10 · 6030 = 60'300
```

3 **300 · 415**

a Wähle ein geeignetes Vorgehen und rechne aus. Notiere, was dir hilft, das Resultat auszurechnen.

b Auch das sind Rechenwege zu 300 · 415. Ist einer ähnlich wie dein Rechenweg?

Simon

```
300 ·   5 =    1500
300 ·  10 =    3000
300 · 400 = 120'000
            124'500
```

Vanessa

```
3 · 400 = 1200
3 ·  15 =   45
3 · 415 = 1245

100 · 1245 = 124'500
```

4 **Wähle ein geeignetes Vorgehen und rechne aus.**

a 30 · 266

b 40 · 8750

c 70 · 15 002

d 500 · 558

e 369 · 200

f 800 · 1046

Multiplikation	12	·	30 000	=	360 000
	Faktor		Faktor		Produkt

5 **32 · 4076**

a Wähle ein geeignetes Vorgehen und rechne aus. Notiere, was dir hilft, das Resultat auszurechnen.

b Auch das sind Rechenwege zu 32 · 4076. Ist einer ähnlich wie dein Rechenweg?

Leonie

```
30 · 4000 = 120'000
30 ·   70 =   2100
30 ·    6 =    180
 2 · 4000 =   8000
 2 ·   70 =    140
 2 ·    6 =     12
              ₁ ₁
          130'432
```

Livio

```
32 · 4076 = 30 · 4076 + 2 · 4076

   3 · 4076           2 · 4076
      ₂ ₁                ₁ ₁
   12'228             8152
30 · 4076 = 122'280
 2 · 4076 =     8152
               ₁ ₁
32 · 4076 = 130'432
```

6 **140 · 708**

a Wähle ein geeignetes Vorgehen und rechne aus. Notiere, was dir hilft, das Resultat auszurechnen.

b Auch das sind Rechenwege zu 140 · 708. Ist einer ähnlich wie dein Rechenweg?

Pierre

```
140 · 708 = 100 · 708 + 40 · 708
100 · 708 = 70'800
  4 · 708 =  2832        70800
 40 · 708 = 28'320       28320
                          ₁
                         99120
```

Fatma

```
700 · 140 + 8 · 140

  7 · 140   8 · 140
     ₂         ₃
    980      1120

700 · 140 = 98'000
  8 · 140 =  1120
            99'120
```

7 **Wähle ein geeignetes Vorgehen und rechne aus.**

a 18 · 647   b 75 · 838   c 56 · 3045

d 66 · 13 104   e 590 · 622   f 428 · 209

8 Rechne aus.

a		b		c	
30 · 70		20 · 4000		800 · 50	
700 · 30		40 · 200		5 · 80 000	
300 · 700		2000 · 400		80 · 5000	

d		e		f	
200 · 60		5000 · 90		400 · 2000	
400 · 500		800 · 600		500 · 8000	
300 · 2000		70 · 9000		600 · 500	

---

9 Wähle ein geeignetes Vorgehen und rechne aus.

a   80 · 450   b   4811 · 20   c   40 · 5039

d   700 · 633   e   716 · 500   f   900 · 276

g   60 · 50 187   h   81 208 · 30   i   2000 · 396

---

10 Wähle ein geeignetes Vorgehen und rechne aus.

a   11 · 2013   b   24 · 6080   c   37 · 3704

d   95 · 729   e   88 · 1650   f   54 · 9063

g   106 · 1600   h   210 · 603   i   703 · 125

j   270 · 3008   k   941 · 380   l   3008 · 77

---

11 Verdopple.

a		b		c	
142		6033		90 341	
709		8317		49 283	
267		9166		112 964	
389		5362		309 826	

---

12 Notiere zwei Multiplikationen mit je einem
fünfstelligen Faktor, die du …

a   im Kopf ausrechnen kannst. Rechne aus.

b   mit Notizen ausrechnest. Rechne aus.

c   schriftlich ausrechnest. Rechne aus.

$$4 \cdot 30'000 = 120'000$$
$$5 \cdot 15'007 = 75'035$$

13 Rechne aus. Versuche, das Resultat im Kopf zu bestimmen.

a $12 \cdot 600$ b $31 \cdot 800$ c $25 \cdot 3000$

d $33 \cdot 700$ e $42 \cdot 500$ f $82 \cdot 600$

g $101 \cdot 101$ h $11 \cdot 404$ i $31 \cdot 750$

j $220 \cdot 45$ k $51 \cdot 501$ l $106 \cdot 25$

14 Wähle ein geeignetes Vorgehen und rechne aus.

a $35 \cdot 51260$ b $41 \cdot 99088$ c $56 \cdot 63399$

d $333 \cdot 772$ e $644 \cdot 874$ f $880 \cdot 5191$

g $119 \cdot 2206$ h $239 \cdot 4607$ i $321 \cdot 6298$

j $458 \cdot 21021$ k $317 \cdot 19815$ l $551 \cdot 80076$

15 Rechnungspaare

$18 \cdot 119$	$30 \cdot 131$	$44 \cdot 145$	$63 \cdot 164$
$19 \cdot 118$	$31 \cdot 130$	$45 \cdot 144$	$64 \cdot 163$

a Rechne alle acht Rechnungen aus.

b Vergleiche die zwei Resultate von jedem Rechnungspaar. Was stellst du fest?

c Finde drei weitere Rechnungspaare mit der gleichen Eigenschaft.

d Versuche zu begründen, weshalb alle Rechnungspaare diese Eigenschaft haben.

Routine

16 Rechne aus.

a $60 \cdot 80$ b $50 \cdot 200$ c $900 \cdot 300$ d $7000 \cdot 70$

$70 \cdot 90$ $90 \cdot 400$ $800 \cdot 90$ $300 \cdot 3000$

$40 \cdot 50$ $800 \cdot 70$ $700 \cdot 600$ $20 \cdot 5000$

$90 \cdot 60$ $60 \cdot 600$ $50 \cdot 8000$ $800 \cdot 800$

Zum Weiterdenken: S. 158, Aufgabe 2

Dividieren

1 Rechne aus.
Kontrolliere das Resultat mit der Umkehrrechnung.

a   210 : 3
     2100 : 3
     21 000 : 3

b   21 000 : 3000
    21 000 : 300
    21 000 : 30

c   210 :   30
     2100 :   300
   210 000 : 30 000

d   140 : 20
     1400 : 20
   14 000 : 20

e   40 000 :   8
    40 000 :   80
    40 000 : 800

f   3500 :   500
   35 000 :   500
  350 000 : 5000

g   15 000 : 3000
    15 000 :   300
    15 000 :   30

h   300 :   60
    3000 :   600
  30 000 : 6000

i   420 000 : 7000
   42 000 :   700
    4200 :   7

2 **112 000 : 400**

a   Wähle ein geeignetes Vorgehen und rechne aus. Notiere, was dir hilft, das Resultat auszurechnen.

b   Auch das sind Rechenwege zu 112 000 : 400. Ist einer ähnlich wie dein Rechenweg?

Sara

```
112'000 : 400 =
 80'000 : 400 = 200
 20'000 : 400 =  50
 12'000 : 400 =  30
                280
```

Gian

```
112 : 4 = 28
112'000 : 4 = 28'000
112'000 : 400 = 280
```

3 **Wähle ein geeignetes Vorgehen und rechne aus.**

a   540 480 : 60

b   45 150 : 50

c   61 200 : 90

d   174 000 : 300

e   77 800 : 200

f   376 800 : 800

Division	45 000	:	50	=	900
	Dividend		Divisor		Quotient

2070 : 15

Simon

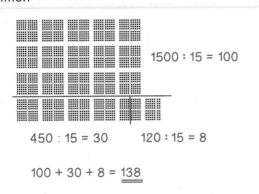

1500 : 15 = 100

450 : 15 = 30   120 : 15 = 8

100 + 30 + 8 = 138

Ich zerlege
den Dividenden so in
kleinere Zahlen, dass ich diese
gut dividieren kann.

Leonie

```
2 0 7 0 : 1 5 =
1 5 0 0 : 1 5 = 1 0 0
  5 7 0
  4 5 0 : 1 5 =   3 0
  1 2 0 : 1 5 =    8
                1 3 8
```

4 **185 000 : 25**

a Wähle ein geeignetes Vorgehen und rechne aus. Notiere, was dir hilft, das Resultat auszurechnen.

b Auch das sind Rechenwege zu 185 000 : 25.
Ist einer ähnlich wie dein Rechenweg?

Jan

```
  1 8 5 0 0 0 : 2 5 = 7 4 0 0
- 1 7 5
    1 0 0
  - 1 0 0
      - 0 0
          0
        - 0 0
            0
            0
```

Daniela

```
1 8 5' 0 0 0 : 2 5 =
1 0 0' 0 0 0 : 2 5 = 4 0 0 0
  8 5' 0 0 0
  7 5' 0 0 0 : 2 5 = 3 0 0 0
  1 0' 0 0 0 : 2 5 =   4 0 0
                    7 4 0 0
```

Rafael

```
1 8 5' 0 0 0 : 2 5 =
1 0 0 : 2 5 =   4     1 0 0' 0 0 0 : 2 5 = 4 0 0 0
8 0 0 : 2 5 = 3 2      8 0' 0 0 0 : 2 5 = 3 2 0 0
5 0 0 : 2 5 = 2 0       5 0 0 0 : 2 5 =   2 0 0
                                        7 4 0 0
```

5 **Wähle ein geeignetes Vorgehen und rechne aus.**

a 6264 : 12   b 10 098 : 11   c 55 650 : 15

d 35 075 : 25   e 124 800 : 150   f 88 250 : 125

6 Rechne aus. Kontrolliere das Resultat mit der Umkehrrechnung.

a   2800 : 700

       28 000 : 700

    280 000 : 700

b 480 000 :   60

   480 000 : 600

   480 000 : 6000

c   3200 :   4

     32 000 : 40

  320 000 : 400

d 300 000 : 5000

   30 000 : 500

    3000 :   50

e   72 000 : 8000

    72 000 : 800

  720 000 : 800

f   6300 : 900

  63 000 : 900

  63 000 : 90

7 Rechne aus.

a 8700 : 3

b 33 000 : 6

c 100 200 : 4

d 9800 : 5

e 96 000 : 8

f 402 300 : 5

g 6020 : 7

h 22 800 : 6

i 700 630 : 7

j 8010 : 9

k 71 100 : 9

l 272 400 : 3

8 Wähle ein geeignetes Vorgehen und rechne aus.

a 8680 : 20

b 73 500 : 500

c 12 450 : 15

d 51 940 : 70

e 207 900 : 300

f 63 125 : 25

g 142 400 : 40

h 456 000 : 600

i 114 750 : 125

j 135 360 : 90

k 747 200 : 800

l 176 000 : 250

9 Halbiere.

a   668

   814

   510

   372

b 8414

  7006

  3610

  1742

c   16 640

   62 078

  182 900

  705 400

10 Notiere zwei Divisionen mit einem fünfstelligen Dividenden und einem zweistelligen Divisor, die du …

a im Kopf ausrechnen kannst. Rechne aus.

b mit Notizen ausrechnest. Rechne aus.

c schriftlich ausrechnest. Rechne aus.

$30'000 : 50 = 600$

$13'500 : 15 = 900$

11 48 061 : 900

   a Wähle ein geeignetes Vorgehen und rechne aus. Notiere, was dir hilft, das Resultat auszurechnen.

   b Auch das sind Rechenwege zu 48 061 : 900. Ist einer ähnlich wie dein Rechenweg?

Xenia

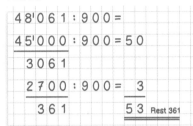

Kai

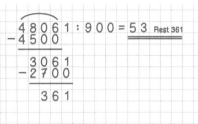

---

12 Divisionen mit Rest
Wähle ein geeignetes Vorgehen und rechne aus.

   a 2830 : 60   **b** 37 607 : 400   **c** 1388 : 11

   d 4508 : 30   **e** 285 000 : 700   **f** 9695 : 12

   g 6141 : 20   **h** 222 850 : 800   **i** 13 269 : 25

---

13 Wähle ein geeignetes Vorgehen und rechne aus.

   a 146 355 : 15   **b** 913 625 : 125   **c** 149 800 : 35

   d 73 920 : 110   **e** 107 880 : 120   **f** 567 900 : 150

   g 12 056 : 22   **h** 22 258 : 31   **i** 254 280 : 52

Routine

14 Rechne aus.

   a 800 : 40   **b** 36 000 : 90   **c** 60 000 : 300

     1800 : 60   15 000 : 30   300 000 : 500

     4000 : 80   14 000 : 200   720 000 : 900

     6300 : 70   48 000 : 600   280 000 : 400

Zum Weiterdenken: S. 159, Aufgaben 3 bis 4

Flexibel rechnen

Verteilungsgesetz (Distributivgesetz) nutzen

1 **Rechne aus.**

a	$3 \cdot 40\,000$	b	$820 : 2$	c	$6400 : 4$
	$3 \cdot 2200$		$72\,000 : 2$		$420\,000 : 4$
	$3 \cdot 42\,200$		$72\,820 : 2$		$426\,400 : 4$

2 **Zerlege die Rechnung in Teilrechnungen. Rechne aus.**

a $7 \cdot 5080$ b $6 \cdot 12\,035$ c $50 \cdot 6120$

d $18\,450 : 9$ e $7170 : 5$ f $90\,800 : 20$

3 **99 · 253**

a Rechne aus. Schreibe deinen Rechenweg auf.

b Auch das sind Rechenwege zu 99 · 253. Ist einer ähnlich wie dein Rechenweg?

Kim

$$100 \cdot 253 = 25\,300$$
$$-\quad\quad 253$$
$$\underline{\underline{25\,047}}$$

Pierre

$$9 \cdot 253$$
$$2277$$

$$9 \cdot 253 = 2277$$
$$90 \cdot 253 = 22\,770$$
$$\underline{\underline{25\,047}}$$

4 **Wähle ein geeignetes Vorgehen und rechne aus.**

a $9 \cdot 777$ b $99 \cdot 829$ c $999 \cdot 518$

Verteilungsgesetz Multiplikation:

$7 \cdot 84 = (7 \cdot 80) + (7 \cdot 4)$
$9 \cdot 142 = (10 \cdot 142) - (1 \cdot 142)$

Verteilungsgesetz Division:

$156 : 6 = (120 : 6) + (36 : 6)$
$594 : 6 = (600 : 6) - (6 : 6)$

Mit 5 multiplizieren – durch 5 dividieren

5 $5 \cdot 8014$

a Rechne aus. Schreibe deinen Rechenweg auf.

b Auch das sind Rechenwege zu $5 \cdot 8014$. Ist einer ähnlich wie dein Rechenweg?

Leonie

$10 \cdot 8014 = 80'140$
$80'140 : 2 = \underline{40'070}$

Mario

$5 \cdot 8000 = 40'000$
$5 \cdot 14 = 70$
$\underline{40'070}$

6 **Wähle ein geeignetes Vorgehen und rechne aus.**

a $5 \cdot 238$ b $5 \cdot 6310$ c $5 \cdot 44500$

d $50 \cdot 886$ e $50 \cdot 2720$ f $500 \cdot 960$

7 $92\,500 : 5$

a Rechne aus. Schreibe deinen Rechenweg auf.

b Auch das sind Rechenwege zu $92\,500 : 5$. Ist einer ähnlich wie dein Rechenweg?

Livio

$92'500 : 10 = 9250$
$9250 \cdot 2 = \underline{18'500}$

Amélie

$92'500 : 5 =$
$80'000 : 5 = 16'000$
$12'500 : 5 = 2500$
$\underline{18'500}$

8 **Wähle ein geeignetes Vorgehen und rechne aus.**

a $7800 : 5$ b $50\,180 : 5$ c $3695 : 5$

d $3700 : 50$ e $47\,900 : 50$ f $58\,000 : 500$

9 Rechne aus.

a 5 · 7000
   5 · 210
   5 · 7210

b 8 ·   102
   8 · 60 000
   8 · 60 102

c 40 · 3500
   40 ·   80
   40 · 3580

d   69 : 3
  2700 : 3
  2769 : 3

e 7700 : 7
   42 : 7
 7742 : 7

f 36 000 : 9
  1350 : 9
 37 350 : 9

10 Rechne aus. Beginne mit der einfachsten Rechnung.

a 8 · 1750
  4 · 3500
  2 · 7000

b 1000 · 430
  500 · 860
  250 · 1720

c 200 ·   615
  20 · 6150
   2 · 61 500

d 1120 : 8
  560 : 4
  280 : 2

e 1512 : 18
  756 : 9
  252 : 3

f 60 060 : 12
 30 030 : 6
 15 015 : 3

11 Wähle ein geeignetes Vorgehen und rechne aus.

a 9 · 231

b 9 · 9026

c 99 · 2870

d 90 · 411

e 990 · 645

f 900 · 339

12 Rechne aus. Überlege zuerst, wie du rechnen willst.

a 2 · 37 · 50

b 4 · 5 · 111 · 5

c 30 · 4 · 125 · 8

d 25 · 90 · 40 · 7

e 5 · 35 · 8 · 25

f 7 · 75 · 4 · 20

g 4 · 65 · 50 : 2

h 70 · 20 · 25 · 60 : 5

i 125 · 40 · 150 : 5

13 In einer Rechenmaschine werden die eingegebenen Zahlen Schritt für Schritt verarbeitet. Wähle einige Eingabezahlen und bestimme für beide Rechenmaschinen die Ausgabezahlen.
Verändern sich die Ausgabezahlen, wenn die Reihenfolge der Rechenschritte verändert wird?

a Eingabe   Ausgabe

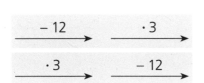

b Eingabe   Ausgabe

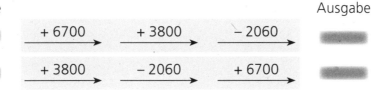

c Eingabe   Ausgabe

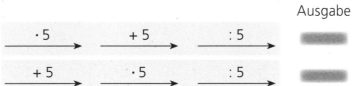

d Eingabe   Ausgabe

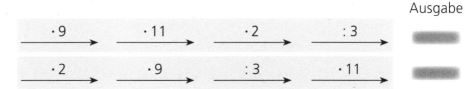

14 Rechne aus. Überlege zuerst, welche Zahlen gut zueinanderpassen.

a 146 + 578 − 145 − 577

b 458 + 175 + 42 + 325

c 636 − 82 − 36 − 118

d 760 + 934 − 234 − 660

e 4300 + 7980 − 4290

f 21 000 − 6600 − 3400

g 7670 − 747 + 847

h 33 777 − 22 666 + 11 111

i 12 145 + 5300 + 855

j 98 120 − 8953 − 1047 − 120

Formen

Besondere Dreiecke:

  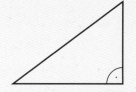

Gleichseitiges Dreieck **Gleichschenkliges Dreieck** **Rechtwinkliges Dreieck**

1 **Lege Dreiecke mit Hölzchen.**

▸ Lege ein Dreieck.
▸ Zeichne es von Hand ab.
▸ Benenne das Dreieck, falls es sich um ein besonderes Dreieck handelt.

a Lege Dreiecke mit 11 Hölzchen.
  Wie viele verschiedene Dreiecke findest du?

b Lege Dreiecke mit 12 Hölzchen.
  Wie viele verschiedene Dreiecke findest du?

Besondere Vierecke:

  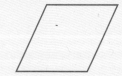

Rechteck **Quadrat** **Parallelogramm** **Rhombus**

2 **Lege Vierecke mit Hölzchen.**

▸ Lege ein Viereck mit 12 Hölzchen.
▸ Zeichne es von Hand ab.
▸ Benenne das Viereck, falls es sich um ein besonderes Viereck handelt.
▸ Finde mindestens sechs verschiedene Vierecke.

3 **Lege Dreiecke und Vierecke.**

▸ Zeichne ein Quadrat mit der Seitenlänge 4 cm auf ein Blatt Papier.
▸ Zeichne ein Rechteck mit den Seitenlängen 4 cm und 8 cm auf ein Blatt Papier.
▸ Zeichne im Quadrat und im Rechteck je eine Diagonale ein.
▸ Schneide das Quadrat und das Rechteck aus sowie entlang der Diagonalen entzwei.
  Du erhältst vier dreieckige Grundformen.

a Lege mit den ausgeschnittenen Grundformen Dreiecke.
  Zeichne jedes Dreieck von Hand ab.
  Benenne das Dreieck, falls es sich um ein besonderes Dreieck handelt.
  Wie viele verschiedene Dreiecke findest du?

b Lege mit den ausgeschnittenen Grundformen Vierecke.
  Zeichne jedes Viereck von Hand ab.
  Benenne das Viereck, falls es sich um ein besonderes Viereck handelt.
  Finde mindestens sechs verschiedene Vierecke.

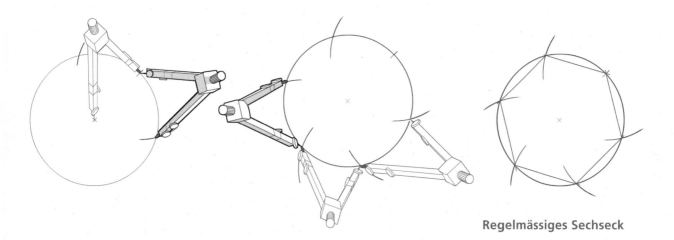

Regelmässiges Sechseck

4 **Konstruiere ein regelmässiges Sechseck.**

▸ Zeichne einen Kreis mit dem Radius 3 cm.
▸ Trage den Radius sechsmal auf der Kreislinie ab.
▸ Verbinde die Schnittpunkte auf der Kreislinie zu einem Sechseck.
▸ Verbinde die Ecken des Sechsecks mit dem Mittelpunkt.
  Du erhältst sechs gleichseitige Dreiecke.

5 Zerlege Vielecke in Dreiecke.

a Zeichne von Hand verschiedene Vierecke.
Zerlege jedes Viereck mit möglichst
wenigen Diagonalen in Dreiecke.
Wie viele Diagonalen musst du einzeichnen?
Wie viele Dreiecke entstehen?

b Zeichne von Hand verschiedene Fünfecke.
Zerlege jedes Fünfeck mit möglichst
wenigen Diagonalen in Dreiecke.
Wie viele Diagonalen musst du einzeichnen?
Wie viele Dreiecke entstehen?

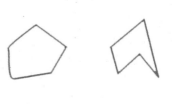

c Zeichne von Hand verschiedene Sechsecke.
Zerlege jedes Sechseck mit möglichst
wenigen Diagonalen in Dreiecke.
Wie viele Diagonalen musst du einzeichnen?
Wie viele Dreiecke entstehen?

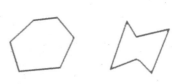

6 Zerlege regelmässige Sechsecke in Dreiecke.

a Konstruiere mit Zirkel und Geodreieck regelmässige Sechsecke.
Zerlege jedes Sechseck mit Diagonalen in vier Dreiecke.
Wie viele Möglichkeiten findest du, bei denen
verschiedene Dreiecke entstehen?

b Betrachte die entstandenen Dreiecke.
Welche Dreiecke sind gleichseitig,
welche gleichschenklig und welche rechtwinklig?

c ▸ Konstruiere mit Zirkel und Geodreieck ein regelmässiges Sechseck.
▸ Zeichne eine mögliche Zerlegung in vier Dreiecke ein.
▸ Schneide die vier Dreiecke aus.
▸ Lege mit den vier Dreiecken Figuren. Fahre mit einem Stift
den Rändern der Figuren entlang und gib diese Zeichnungen
jemandem zum Nachlegen.

7 Falte Vielecke.
Reisse aus einem Blatt Papier drei Stücke heraus.

a Falte aus einem Stück ein gleichschenkliges Dreieck.

b Falte aus einem Stück ein Rechteck.

c Falte aus einem Stück ein Quadrat.

8 Falte aus einem Quadrat ein regelmässiges Achteck.

▸ Versuche, die Faltschritte zu verstehen.

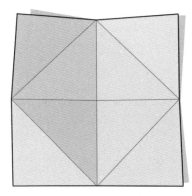  

▸ Falte das regelmässige Achteck nach.

9 Stimmt die Aussage? Begründe deine Antwort.

a «Eine Diagonale unterteilt ein Rechteck in zwei rechtwinklige Dreiecke.»

b «Eine Diagonale unterteilt ein Quadrat in zwei gleichseitige Dreiecke.»

c «Jedes gleichschenklige Dreieck kann in zwei rechtwinklige Dreiecke zerlegt werden.»

Zum Weiterdenken: S. 166, Aufgaben 4 bis 5

Schreibweisen von Grössen

1 **Rechne in die angegebenen Masseinheiten um. Schreibe mit einem Dezimalpunkt.**

Du kannst mit der Stellenwerttafel kontrollieren.

km			m	dm	cm	mm
			2	0	5	

205 cm → m

2 0 5 cm = 2.0 5 m

a 650 Rp. → Fr. b 75 mm → cm c 270 g → kg d 700 ml → l
  305 Rp. → Fr.   320 cm → m   1060 g → kg   35 cl → l
   95 Rp. → Fr.   1800 m → km   95 g → kg   8 ml → l

2 **Schreibe mit zwei Masseinheiten.**

Du kannst mit der Stellenwerttafel kontrollieren.

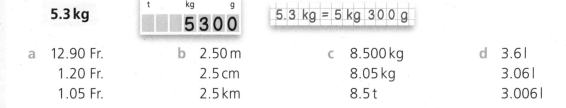

5.3 kg

5.3 kg = 5 kg 300 g

a 12.90 Fr. b 2.50 m c 8.500 kg d 3.6 l
  1.20 Fr.   2.5 cm   8.05 kg   3.06 l
  1.05 Fr.   2.5 km   8.5 t   3.006 l

3 **Rechne in die angegebenen Masseinheiten um. Schreibe mit einem Dezimalpunkt.**

Du kannst mit der Stellenwerttafel kontrollieren.

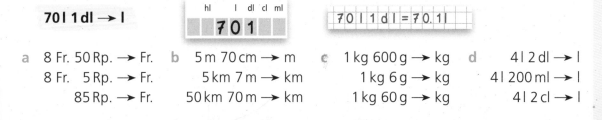

70 l 1 dl → l

70 l 1 dl = 70.1 l

a 8 Fr. 50 Rp. → Fr. b 5 m 70 cm → m c 1 kg 600 g → kg d 4 l 2 dl → l
  8 Fr. 5 Rp. → Fr.   5 km 7 m → km   1 kg 6 g → kg   4 l 200 ml → l
    85 Rp. → Fr.   50 km 70 m → km   1 kg 60 g → kg   4 l 2 cl → l

Verschiedene Schreibweisen von Grössen:

Mit einer ganzen Zahl	Mit zwei Masseinheiten	Mit einem Dezimalpunkt	Mit einem Bruch
1500 ml	1 l 500 ml	1.5 l	$\frac{3}{2}$ l = $1\frac{1}{2}$ l
205 cm	2 m 5 cm	2.05 m	$2\frac{5}{100}$ m

In der Flasche hat es 1.5 l Mineralwasser.

Der Inhalt beträgt $1\frac{1}{2}$ l.

Es sind 15 dl.

4 **Rechne in die angegebenen Masseinheiten um.**

$\frac{1}{4}$ m ⟶ cm

$\frac{1}{4}$ m = $\frac{1}{4}$ von 100 cm = 100 cm : 4 = 25 cm

a $\frac{1}{2}$ Fr. ⟶ Rp. b $\frac{1}{5}$ m ⟶ cm c $\frac{1}{4}$ kg ⟶ g d $\frac{1}{10}$ l ⟶ dl

$\frac{1}{4}$ Fr. ⟶ Rp. $\frac{3}{4}$ m ⟶ cm $\frac{1}{8}$ kg ⟶ g $\frac{3}{4}$ l ⟶ cl

$\frac{9}{10}$ Fr. ⟶ Rp. $\frac{7}{100}$ m ⟶ cm $\frac{3}{5}$ kg ⟶ g $\frac{2}{5}$ l ⟶ ml

5 **Rechne in die angegebenen Masseinheiten um. Schreibe mit einem Bruch.**

500 g

500 g = $\frac{1}{2}$ kg

a 20 Rp. ⟶ Fr. b 5 mm ⟶ cm c 200 g ⟶ kg d 5 dl ⟶ l

5 Rp. ⟶ Fr. 25 cm ⟶ m 800 g ⟶ kg 20 cl ⟶ l

75 Rp. ⟶ Fr. 500 m ⟶ km 10 g ⟶ kg 250 ml ⟶ l

6 **Rechne in die angegebenen Masseinheiten um.**

a $\frac{1}{2}$ h ⟶ min b $\frac{1}{4}$ min ⟶ s c 6 min ⟶ h d 20 s ⟶ min

$\frac{3}{4}$ h ⟶ min $\frac{2}{10}$ min ⟶ s 18 min ⟶ h 40 s ⟶ min

$\frac{1}{5}$ h ⟶ min $\frac{1}{12}$ min ⟶ s 36 min ⟶ h 50 s ⟶ min

7 Schreibe zuerst mit zwei Masseinheiten. Rechne dann in eine kleinere Masseinheit um.

15.6 m   `15.6 m = 15 m 60 cm = 1560 cm`

a	18.50 Fr.	b	3.75 m	c	5.075 kg	d	43.5 l
	10.85 Fr.		37.5 cm		50.75 kg		43.05 l
	180.50 Fr.		0.375 m		5.075 t		43.5 cl
	108.05 Fr.		3.75 km		50.75 t		4.35 hl

8 Ordne der Grösse nach. Beginne mit der kleinsten Grössenangabe.

3.3 l
3 dl 3 ml
33 dl
3.3 dl

`3 dl 3 ml < 3.3 dl < 33 dl = 3.3 l`

a	69.90 Fr.	b	4.025 km	c	15.09 kg	d	29.60 hl
	609 Fr.		425 m		1509 g		2.96 l
	6 Fr. 9 Rp.		4 km 250 m		15 kg 900 g		29.6 l
	69 900 Rp.		4 km 25 m		15 009 kg		29 l 60 ml

9 Wähle eine Grösse. Notiere mehrere verschiedene Grössenangaben mit den drei Ziffern 0, 1 und 7. Verwende verschiedene Masseinheiten und Schreibweisen.
Ordne die Grössenangaben. Beginne mit der kleinsten.

$1.70 t$, $701 g$, $7 kg 10 g$, $\frac{7}{10} kg$

$\frac{7}{10} kg < 701 g < 7 kg 10 g < 1.70 t$

10 Schreibe ohne Bruch, indem du in eine kleinere Masseinheit umrechnest.

a	$\frac{2}{4}$ m	b	$\frac{1}{2}$ dl	c	$\frac{2}{6}$ h	d	$\frac{1}{24}$ d
	$\frac{3}{100}$ m		$\frac{2}{4}$ dl		$\frac{3}{10}$ h		$\frac{3}{24}$ d
	$\frac{5}{1000}$ km		$\frac{1}{100}$ hl		$\frac{5}{10}$ min		$\frac{4}{12}$ d
	$\frac{7}{100}$ km		$\frac{3}{10}$ hl		$\frac{30}{60}$ min		$\frac{5}{6}$ d

11 Rechne in die angegebenen Masseinheiten um. Schreibe mit einem Bruch.

a	b	c	d
5 cm ⟶ m	7 g ⟶ kg	9 ml ⟶ l	6 min ⟶ h
5 dm ⟶ m	70 g ⟶ kg	9 dl ⟶ l	60 s ⟶ h
5 mm ⟶ m	7 kg ⟶ t	90 cl ⟶ l	10 s ⟶ min
5 m ⟶ km	700 kg ⟶ t	9 l ⟶ hl	12 s ⟶ min

12 Notiere die Grössenangaben in mindestens vier verschiedenen Schreibweisen.

250 m $250\,m = \frac{250}{1000}\,km = \frac{1}{4}\,km = 0.25\,km = 25'000\,cm$

a	b	c	d
10 cm	10 g	80 ml	30 Rp.
25 cm	250 g	8 dl	30 m
100 m	500 kg	80 cl	30 l
50 m	100 kg	80 l	30 g

13 Notiere die Grössenangaben in mindestens zwei verschiedenen Schreibweisen.

15 min $15\,min = \frac{1}{4}\,h = 900\,s$

a	b	c	d
90 min	105 s	2 h	2 min 10 s
5 min	720 s	12 h	1 h 20 min

14 Rechne in die angegebenen Masseinheiten um.

a	b	c
0.5 h ⟶ min	2.5 min ⟶ s	1.5 d ⟶ h
0.1 h ⟶ min	4.2 min ⟶ s	$\frac{1}{4}$ d ⟶ h
1.4 h ⟶ min	7.9 min ⟶ s	$2\frac{2}{3}$ d ⟶ h

Routine

15 Rechne in die angegebenen Masseinheiten um.

a	b	c	d
3 Fr. ⟶ Rp.	8 m ⟶ cm	90 dm ⟶ m	6 kg ⟶ g
700 Rp. ⟶ Fr.	4 km ⟶ m	1000 cm ⟶ m	8000 g ⟶ kg
20 Fr. ⟶ Rp.	6 cm ⟶ mm	700 mm ⟶ cm	50 kg ⟶ g
1000 Rp. ⟶ Fr.	5 m ⟶ mm	2000 m ⟶ km	30 000 g ⟶ kg

e	f	g	h
8 l ⟶ cl	60 dl ⟶ l	2 h ⟶ min	360 s ⟶ min
20 l ⟶ dl	7000 cl ⟶ l	300 s ⟶ min	240 min ⟶ h
4 l ⟶ ml	300 ml ⟶ cl	100 min ⟶ s	20 min ⟶ s
10 cl ⟶ ml	50 000 ml ⟶ l	600 min ⟶ h	7 h ⟶ min

Rechnen mit Grössen

1 **Bestimme das Gewicht des Kofferinhalts.**

Leer wiegt der Koffer 2100 g.
Gefüllt wiegt der Koffer 11.6 kg.

a Schreibe deinen Rechenweg auf.

b Sara, Jan und Fatma haben die Grössenangaben
   so aufgeschrieben, dass sie damit rechnen können.

Ich schreibe beide Gewichte
mit zwei Masseinheiten.

Ich schreibe beide
Gewichte in g.

Ich schreibe beide
Gewichte in kg.

Sara

| 1 1 k g 6 0 0 g − 2 k g 1 0 0 g |

Jan

| 1 1 ' 6 0 0 g − 2 1 0 0 g |

Fatma

| 1 1 . 6 k g − 2 . 1 k g |

Findest du eine der Rechnungen von Sara, Jan und Fatma in deinem Rechenweg?

2 **Rechne aus.**

a 20 Fr. − 2.40 Fr.

b 4.6 cm − 18 mm

c 2 l 40 cl − $\frac{1}{2}$ l

d 3 h 20 min − 45 min

3 **Bestimme, wie viel Mineralwasser die Packung insgesamt enthält.**

Die Packung besteht aus 6 Flaschen.
Jede Flasche enthält 1.5 l Mineralwasser.

a Schreibe deinen Rechenweg auf.

b Gian, Kim und Simon haben die Grössenangaben
   so aufgeschrieben, dass sie damit rechnen können.

Gian

| 6 · 1 l 5 dl |

Kim

| 6 · 15 dl |

Simon

| 6 · 1500 ml |

Findest du eine der Rechnungen von Gian, Kim und Simon in deinem Rechenweg?

4 **Rechne aus.**

a $6 \cdot 3.80$ Fr.   b $4 \cdot 8$ kg 600 g   c $20 \cdot 180$ cm   d $3 \cdot \frac{3}{4}$ h

5 **Bestimme, wie viel Geld jede Person erhält.**

4 Personen haben Kuchen verkauft. Sie haben zusammen 23.60 Fr. verdient.
Den Verdienst teilen sie gleichmässig auf.

Schreibe deinen Rechenweg auf.

6 **Rechne aus.**

a 2 kg 300 g $: 5$ b $3\frac{1}{2}$ km $: 7$ c 0.75 l $: 3$ d 5 min $: 6$

7 **Wie viele 20-Rappen-Münzen erhältst du für 15 Franken?**

Schreibe deinen Rechenweg auf.

8 **Beschreibe eine Situation, die zur Rechnung passt. Rechne aus.**

24 Fr. : 50 Rp.

> Ich will 24 Franken in 50-Rappen-Münzen wechseln.
> 1 Fr. : 50 Rp. = 2
> 24 · 2 = 48
>
> Für 24 Fr. erhalte ich 48 50-Rappen-Münzen.

a 2 m $: 5$ cm   b 3.2 kg $: 80$ g   c 4 l 8 dl $: 6$ dl   d 4 min 30 s $: 3$ s

9 Bestimme die gesuchten Grössen.

a Ein Koffer wiegt leer 2500 g. Gefüllt wiegt der Koffer 13.4 kg.
  Wie schwer ist der Kofferinhalt?

b Eine Flasche enthält 0.7 l Fruchtsaft. Wie viel Fruchtsaft enthalten 4 Flaschen?

c 3 Personen haben bei einem Verkauf zusammen 17.70 Fr. verdient.
  Wie viel Geld erhält jede Person, wenn sie den Verdienst gleichmässig aufteilen?

d Wie viele 10-Rappen-Münzen erhältst du für 6.50 Fr.?

10 Rechne aus.   *10 bis 14*
  a,b oder c nur 1

a		b		c	
32.50 Fr. + 4.70 Fr.		20.50 Fr. − 8.20 Fr.		8 · 9.50 Fr.	
50.80 Fr. + 60.35 Fr.		7.25 Fr. − 85 Rp.		86 Fr. : 5	
450.10 Fr. + 84.90 Fr.		190 Fr. − 35.50 Fr.		400 Fr. : 5 Fr.	

11 Rechne aus.

a	b	c
3250 cm + 17 m	9 kg + 5400 g	580 cl + 22 l
2.650 km + 450 m	3.7 kg + 730 g	4 dl + 44 ml
15 cm − 15 mm	2 kg − 1850 g	35 cl − 17 ml
8.20 m − 78 cm	1.2 kg − 950 g	6 l − 660 ml

12 Rechne aus.

a	b	c
4 · 6 m 30 cm	8 · 2 kg 375 g	9 · 3.7 l
6.2 m : 4	12 kg : 5	51 cl : 6
10 m : 5 cm	4.750 kg : 25 g	3 l 920 ml : 40 ml

13 Rechne aus. *5*

a	b	c
130 min + 3 h 10 min	6 h − 200 min	7 · 40 min
4 min + 400 s	7 min 15 s − 45 s	4 h : 6
20 h + 3 d 2 h	2 d − 12 h	8 min : 20 s

14 Rechne aus.

a $65\,cm + 17.5\,m$
   $6\frac{1}{2}\,cm + 43\,mm$
   $27.6\,m - 130\,cm$
   $10\frac{1}{2}\,cm - 12\,mm$

b $2450\,g + 9.650\,kg$
   $2\frac{1}{2}\,kg + 3.125\,kg$
   $2.9\,kg - 290\,g$
   $0.9\,kg - \frac{1}{4}\,kg$

c $85\,cl + 2.2\,l$
   $75\,cl + \frac{1}{4}\,l$
   $20.5\,l - 2\,l\,5\,dl$
   $\frac{3}{4}\,l - 140\,ml$

15 Rechne aus.

a $4 \cdot 2.05\,m$
   $7 \cdot 1\frac{1}{4}\,km$

b $7 \cdot 0.15\,kg$
   $4 \cdot 2\frac{3}{4}\,kg$

c $9 \cdot 0.3\,cl$
   $5 \cdot 1\frac{1}{5}\,l$

d $30.6\,m : 6$
   $42.9\,km : 10$

e $63.07\,kg : 7$
   $5\frac{3}{10}\,kg : 50$

f $64.4\,l : 8$
   $15\,l : 30$

g $84\,cm : 7\,mm$
   $40.2\,m : 20\,cm$

h $4.02\,kg : 2\,g$
   $2\frac{1}{4}\,kg : 50\,g$

i $4.8\,l : 4\,dl$
   $5\frac{1}{2}\,l : 50\,cl$

16 Rechne aus.

a $4\,d\,4\,h + 40\,h$
   $3\,h\,15\,min + 1\frac{3}{4}\,h$

b $10\,d - 100\,h$
   $420\,min - \frac{1}{2}\,h$

c $3 \cdot 2\,d\,8\,h$
   $5 \cdot 1\frac{1}{6}\,h$

d $7\,d\,2\,h : 5$
   $1\frac{1}{2}\,h : 6\,min$

Routine

17 Rechne in die angegebenen Masseinheiten um.

a $2.3\,m \longrightarrow cm$
   $0.7\,m \longrightarrow mm$
   $0.8\,m \longrightarrow dm$
   $0.012\,m \longrightarrow mm$

b $4.5\,cm \longrightarrow mm$
   $6.1\,km \longrightarrow m$
   $0.3\,cm \longrightarrow mm$
   $0.13\,km \longrightarrow m$

c $1.3\,l \longrightarrow dl$
   $0.6\,l \longrightarrow cl$
   $8.1\,l \longrightarrow ml$
   $4.2\,cl \longrightarrow ml$

d $6.2\,kg \longrightarrow g$
   $0.3\,kg \longrightarrow g$
   $0.021\,kg \longrightarrow g$
   $0.59\,kg \longrightarrow g$

18 Rechne in die angegebenen Masseinheiten um. Schreibe mit einem Dezimalpunkt.

a $280\,cm \longrightarrow m$
   $4\,mm \longrightarrow m$
   $87\,dm \longrightarrow m$
   $23\,cm \longrightarrow m$

b $35\,mm \longrightarrow cm$
   $41\,m \longrightarrow km$
   $2\,mm \longrightarrow cm$
   $6200\,m \longrightarrow km$

c $4300\,ml \longrightarrow l$
   $92\,dl \longrightarrow l$
   $30\,cl \longrightarrow l$
   $26\,ml \longrightarrow cl$

d $7500\,g \longrightarrow kg$
   $6\,g \longrightarrow kg$
   $80\,g \longrightarrow kg$
   $130\,g \longrightarrow kg$

Zum Weiterdenken: S.176, Aufgaben 9 bis 10

Textaufgaben

1 **Zeichne ein Pfeilschema zum Text. Berechne anschliessend die gesuchte Zahl.**

Wenn du zur Zahl 120 zuerst 80 addierst, dann das Resultat mit 2 multiplizierst und anschliessend 300 subtrahierst, erhältst du die gesuchte Zahl.

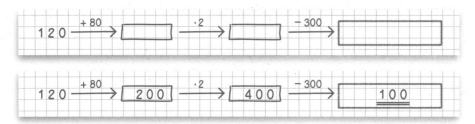

a Wenn du von der Zahl 260 zuerst 20 subtrahierst, dann das Resultat mit 3 multiplizierst und anschliessend 280 addierst, erhältst du die gesuchte Zahl.

b Wenn du die Zahl 120 zuerst mit 6 multiplizierst, dann vom Resultat 170 subtrahierst und anschliessend durch 5 dividierst, erhältst du die gesuchte Zahl.

c Wenn du zur Zahl 380 zuerst 260 addierst, dann durch 8 dividierst und anschliessend das Resultat verdoppelst, erhältst du die gesuchte Zahl.

d Erfinde eine weitere ähnliche Aufgabe und zeichne ein Pfeilschema dazu.

2 **Zeichne ein Pfeilschema zum Text. Berechne anschliessend die gesuchte Zahl.**

Wenn du zur gesuchten Zahl zuerst 75 addierst, dann das Resultat mit 5 multiplizierst und anschliessend 700 subtrahierst, erhältst du 325.

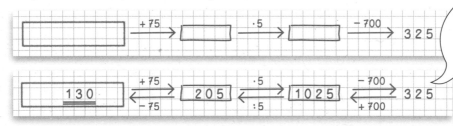

Wenn ich das Pfeilschema rückwärts durchlaufe, gelange ich zur gesuchten Zahl.

a Wenn du die gesuchte Zahl zuerst mit 15 multiplizierst und dann 5 addierst, erhältst du 65.

b Wenn du die gesuchte Zahl zuerst durch 4 dividierst und dann 500 subtrahierst, erhältst du 1000.

c Erfinde eine weitere ähnliche Aufgabe und zeichne ein Pfeilschema dazu.

3 **Schreibe eine Textaufgabe, die zum Pfeilschema passt.**
Berechne die gesuchte Grösse.

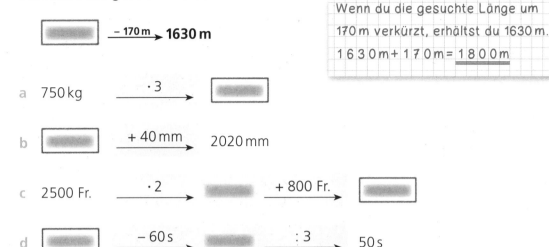

Wenn du die gesuchte Länge um
170 m verkürzt, erhältst du 1630 m.
1 6 3 0 m + 1 7 0 m = <u>1 8 0 0 m</u>

a 750 kg $\xrightarrow{\cdot 3}$ [____]

b [____] $\xrightarrow{+40\,mm}$ 2020 mm

c 2500 Fr. $\xrightarrow{\cdot 2}$ [____] $\xrightarrow{+800\,Fr.}$ [____]

d [____] $\xrightarrow{-60\,s}$ [____] $\xrightarrow{:3}$ 50 s

4 **Berechne die gesuchte Grösse.**

a Wie viel ist das Sechsfache von 12 kg?
b Wie viel ist ein Sechstel von 12 kg?
c Wie schwer ist das Gewicht, wenn ein Sechstel davon 12 kg wiegt?
d Wie schwer ist das Gewicht, wenn das Sechsfache davon 12 kg wiegt?

5 **Löse das Rätsel.**

a Bei meiner Geburt war ich 3400 g schwer. Wenn du dieses Gewicht verzehnfachst und anschliessend 1.5 kg addierst, ergibt das mein aktuelles Gewicht. Wie schwer bin ich jetzt?

b Bei meiner Geburt war ich 51 cm gross. Wenn du meine aktuelle Körpergrösse halbierst und 22 cm subtrahierst, erhältst du meine Grösse bei der Geburt. Wie gross bin ich jetzt?

c Meine Schwester wiegt 21.6 kg. Wenn du von diesem Gewicht 2.6 kg subtrahierst, das Resultat mit 4 multiplizierst und 1 kg addierst, erhältst du das Gewicht meines Vaters. Wie schwer ist er?

d Wenn du vom Fünffachen der Körpergrösse meiner Schwester 91 cm subtrahierst und das Resultat durch 3 dividierst, ergibt das die Grösse meiner Mutter. Sie ist 1.63 m gross. Wie gross ist meine Schwester?

e Erfinde ein eigenes Rätsel mit Grössen und löse es.

In den folgenden Aufgaben kommen nur die Zahlen 3, 12 und 3600 vor.
Jede Aufgabe beschreibt eine andere Situation. Stell dir beim Lesen die Situation vor.
Eine Skizze kann dir helfen. Schreibe die Rechnungen auf und beantworte die Fragen.

a In einer Bäckerei werden 3600 Kekse gebacken.
Je 12 Kekse werden in Schachteln mit jeweils 3 Fächern verpackt.
Wie viele Schachteln braucht es?
Wie viele Kekse sind pro Fach in einer Schachtel?

b 3600 Kekse werden in 3 Backöfen gebacken.
In jedem Ofen haben 12 Backbleche Platz.
Die Kekse werden gleichmässig auf die Backbleche verteilt.
Wie viele Kekse werden pro Ofen gebacken?
Wie viele Kekse liegen auf einem Blech?

c Von den 3600 Keksen zerbrechen 12 Stück.
Die ganzen Kekse werden gleichmässig in 3 Schachteln verpackt.
Wie viele Kekse werden verpackt?
Wie viele Kekse enthält eine Schachtel?

d In einer Woche werden an 3 Tagen je 3600 Kekse gebacken.
Diese werden gleichmässig auf 12 Schachteln verteilt.
Wie viele Kekse werden insgesamt gebacken?
Wie viele Kekse enthält jede Schachtel?

e Eine andere Bäckerei hat 12 Backöfen. Pro Ofen werden täglich 3600 Kekse gebacken.
Wie viele Kekse produziert diese Bäckerei täglich?
Es werden 3 neue Backöfen mit dem gleichen Leistungsvermögen dazugekauft.
Wie viele Kekse können nun täglich produziert werden?

7 Schreibe vier Textaufgaben, in denen nur die Zahlen 5, 40 und 280 vorkommen.
Notiere eigene Fragen, die du mit unterschiedlichen Rechnungen löst.
Schreibe deine Rechenwege auf.

8 Berechne die gesuchte Zahl.

a Das Achtfache der Zahl ist 1200.

b Die Zahl ist um 280 kleiner als 950.

c Ein Sechstel der Zahl ist 810.

d Die Zahl ist um 407 grösser als 1870.

e Das Doppelte der Zahl ist um 2 grösser als 84.

9 Schreibe eine Textaufgabe, die zum Pfeilschema passt. Berechne die gesuchte Grösse.

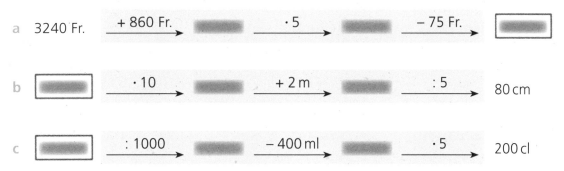

10 Berechne die gesuchte Zahl.

a Wenn du die gesuchte Zahl mit 15 multiplizierst und dann 5 addierst, erhältst du die Hälfte von 100.

b Wenn du zum Dreifachen der gesuchten Zahl das Vierfache von 10 addierst, erhältst du 400.

c Wenn du die gesuchte Zahl durch 8 dividierst und dann 2500 subtrahierst, erhältst du das Hundertfache von 100.

d Wenn du zur gesuchten Zahl das Fünffache von 300 addierst und einen Fünftel von 2500 subtrahierst, erhältst du 7700.

e Das Fünffache der gesuchten Zahl ist um 30 grösser als 170.

f Die gesuchte Zahl ist die Hälfte des Produktes von 30 und 60.

g Wenn du die gesuchte Zahl mit der Differenz von 85 und 73 multiplizierst, erhältst du 84.

h Halbiere eine Million. Subtrahiere davon die Hälfte von 100 000. Multipliziere das Resultat mit 2. Welche Zahl musst du addieren, um wieder eine Million zu erhalten?

Zum Weiterdenken: S. 177, Aufgaben 11 bis 13

Winkel

Winkel werden meist mit griechischen Buchstaben
bezeichnet: α (Alpha), β (Beta), γ (Gamma), δ (Delta).

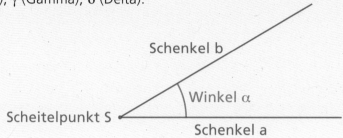

Schenkel b

Winkel α

Scheitelpunkt S

Schenkel a

1 **Zeichne Gegenstände mit veränderbaren Winkeln.**

Auf den Bildern (A bis D) sind Gegenstände dargestellt, an denen Winkel verändert
werden können.

A

B

C

D

a   Wähle ein Bild (A bis D) aus. Zeichne den Gegenstand mit veränderten Winkeln,
sodass du einen rechten Winkel einzeichnen kannst.

b   Finde weitere Gegenstände in deiner Umgebung, bei denen du veränderbare Winkel
erkennen kannst. Zeichne sie ab und markiere einige veränderbare Winkel.

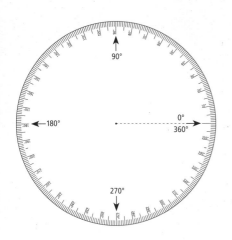

Die Grösse von Winkeln wird mit dem Zeichen ° (Grad) angegeben. Der Kreis wird in 360° eingeteilt.

Rechter Winkel:
90° (90 Grad)

Gestreckter Winkel:
180° (180 Grad)

Voller Winkel:
360° (360 Grad)

2 **Miss Winkel mit dem Geodreieck.**

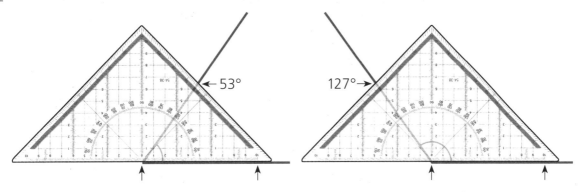

Lege die lange Seite des Geodreiecks so auf einen der Schenkel des Winkels, dass der Scheitelpunkt genau bei 0 liegt.
An der Stelle, an welcher der andere Schenkel die Winkelskala schneidet, kannst du die Grösse des Winkels ablesen.

a   Miss die Grösse der beiden Winkel.

b   Zeichne vier verschiedene Winkel. Miss ihre Grösse.

3 **Zeichne den Winkel mit dem Geodreieck.**

a   60°   b   75°   c   30°   d   150°   e   120°

4 Zeichne den Winkel mit dem Geodreieck.

a 45°   b 20°   c 100°   d 155°   e 175°

---

5 Ein voller Winkel (360°) wurde in gleich grosse Winkel geteilt.
Wie gross ist der blau markierte Winkel?

a
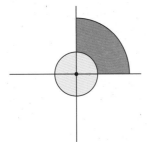

b
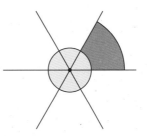

c
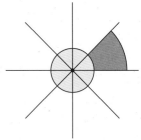

d
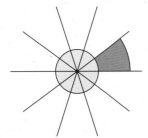

e
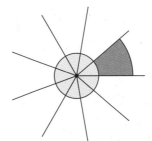

f
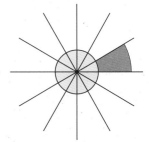

---

6 Untersuche Winkel in Rechtecken.

▸ Zeichne mit dem Geodreieck ein Rechteck.
▸ Zeichne die beiden Diagonalen ein.
▸ Nummeriere die Winkel von 1 bis 12 genauso wie
in der Abbildung.

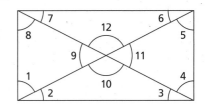

a Welche Winkel sind gleich gross? Schreibe deine Vermutungen auf.
Überprüfe durch Nachmessen mit dem Geodreieck.

b Welche Winkel sind doppelt so gross wie andere Winkel?
Schreibe deine Vermutungen auf.
Überprüfe durch Nachmessen mit dem Geodreieck.

c Zeichne ein weiteres Rechteck und vergleiche die Winkel an den Diagonalen.
Was stellst du fest? Was kannst du aus deinen Beobachtungen schliessen?

7 Berechne die Grösse des blau markierten Winkels.

a
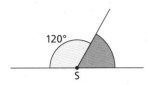

b
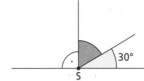

c
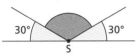

d
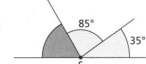

e

f

Routine

8 Wie gross sind die Winkel (A bis J)?
Ordne jedem Winkel den passenden Wert zu:
15°, 30°, 45°, 60°, 75°, 90°, 105°, 120°, 150°, 180°

A

B

C

D

E

F

G

H

I

J

Zum Weiterdenken: S. 167, Aufgaben 6 bis 8

Brüche ordnen

Welcher Bruch ist grösser: $\frac{2}{5}$ oder $\frac{3}{4}$?

Vanessa zeichnet ein Streckenmodell.

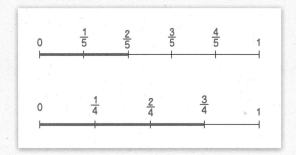

Rafael stellt die Brüche mit Kreisstücken dar.

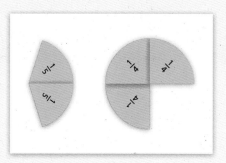

Mario stellt sich die Brüche als Längen vor.

$\frac{1}{5}$ m = 2 0 cm

$\frac{2}{5}$ m = 4 0 cm

$\frac{1}{4}$ m = 2 5 cm

$\frac{3}{4}$ m = 7 5 cm

$\frac{3}{4} > \frac{2}{5}$

$\frac{2}{5}$ sind kleiner als $\frac{1}{2}$.

$\frac{3}{4}$ sind grösser als $\frac{1}{2}$.

Also sind $\frac{2}{5}$ kleiner als $\frac{3}{4}$.

Kai

Daniela stellt die Brüche in zwei gleich grossen Rechtecken dar.

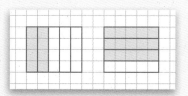

Viertel sind grösser als Fünftel. Wenn ich drei grössere Stücke habe, sind sie zusammen sicher grösser als zwei kleinere Stücke. Deshalb sind drei Viertel grösser als zwei Fünftel.

Xenia

---

1   **Welcher Bruch ist grösser? Notiere den grösseren Bruch.**

a $\frac{1}{4}$ oder $\frac{3}{4}$ $\frac{2}{5}$ oder $\frac{3}{5}$ $\frac{3}{10}$ oder $\frac{5}{10}$ $\frac{2}{3}$ oder $\frac{1}{3}$

b $\frac{1}{3}$ oder $\frac{1}{4}$ $\frac{3}{6}$ oder $\frac{3}{4}$ $\frac{3}{5}$ oder $\frac{3}{4}$ $\frac{2}{3}$ oder $\frac{2}{5}$

c $\frac{1}{2}$ oder $\frac{3}{4}$ $\frac{1}{2}$ oder $\frac{2}{3}$ $\frac{3}{4}$ oder $\frac{9}{10}$ $\frac{2}{3}$ oder $\frac{3}{4}$

Auf dem Rechenstrich kannst du Brüche der Grösse nach ordnen.

2 **Zeichne einen Rechenstrich und ordne die Brüche auf dem Rechenstrich.**

a $\frac{1}{2}$ $\frac{1}{3}$ $\frac{1}{4}$ $\frac{1}{5}$ b $\frac{3}{10}$ $\frac{3}{4}$ $\frac{3}{5}$ $\frac{3}{7}$

c $\frac{2}{3}$ $\frac{3}{4}$ $\frac{4}{5}$ $\frac{1}{2}$ d $\frac{1}{2}$ $\frac{3}{4}$ $\frac{6}{7}$ $\frac{3}{7}$

e $\frac{4}{10}$ $\frac{1}{5}$ $\frac{3}{4}$ $\frac{1}{2}$ f $\frac{1}{100}$ $\frac{2}{5}$ $\frac{5}{10}$ $\frac{7}{10}$

3 **Zeichne einen Rechenstrich und ordne die Brüche und Dezimalzahlen auf dem Rechenstrich.**

a $\frac{1}{2}$ $\frac{1}{100}$ $\frac{6}{10}$ 0.2   b $\frac{1}{2}$ 0.07 $\frac{1}{10}$ 0.3

c 0.25   0.3 $\frac{1}{10}$ $\frac{11}{100}$ d 0.2 $\frac{1}{10}$ $\frac{5}{10}$ 0.4

4 **Stimmt die Aussage? Begründe deine Antwort.**

a «$\frac{1}{2}$ ist kleiner als $\frac{2}{4}$.»   b «$\frac{8}{9}$ sind grösser als $\frac{7}{8}$.»

c «$\frac{3}{10}$ sind kleiner als 0.4.»   d «$\frac{13}{100}$ sind gleich viel wie 0.13.»

5 Vergleiche Brüche mit dem gleichen Nenner. Verwende die Zeichen <, > oder =.

a $\frac{1}{6}$ und $\frac{2}{6}$ b $\frac{7}{8}$ und $\frac{9}{8}$ c $\frac{5}{7}$ und $\frac{3}{7}$ d $\frac{6}{10}$ und $\frac{7}{10}$

e Erkläre, wie du zwei Brüche mit dem gleichen Nenner vergleichen kannst.

6 Vergleiche Brüche mit dem gleichen Zähler. Verwende die Zeichen <, > oder =.

a $\frac{1}{8}$ und $\frac{1}{4}$ b $\frac{2}{5}$ und $\frac{2}{7}$ c $\frac{8}{10}$ und $\frac{8}{9}$ d $\frac{7}{3}$ und $\frac{7}{8}$

e Erkläre, wie du zwei Brüche mit dem gleichen Zähler vergleichen kannst.

7 Vergleiche Brüche, die nahe bei einem Ganzen sind. Verwende die Zeichen <, > oder =.

a $\frac{7}{8}$ und $\frac{3}{4}$ b $\frac{3}{4}$ und $\frac{4}{5}$ c $\frac{9}{10}$ und $\frac{7}{8}$ d $\frac{5}{7}$ und $\frac{7}{8}$

e Erkläre, wie du zwei Brüche, die nahe bei einem Ganzen liegen, vergleichen kannst.

8 Ist der Bruch grösser oder kleiner als $\frac{1}{2}$?

a $\frac{1}{7}$ b $\frac{7}{8}$ c $\frac{1}{4}$ d $\frac{5}{6}$ e $\frac{2}{7}$ f $\frac{1}{20}$ g $\frac{2}{3}$ h $\frac{1}{9}$

9 Ist der Bruch grösser oder kleiner als $\frac{3}{4}$?

a $\frac{2}{4}$ b $\frac{4}{8}$ c $\frac{1}{5}$ d $\frac{9}{10}$ e $\frac{5}{12}$ f $\frac{4}{5}$ g $\frac{8}{9}$ h $\frac{3}{10}$

10 Zeichne einen Rechenstrich und ordne die Brüche auf dem Rechenstrich.

a $\frac{1}{2}$ $\frac{2}{2}$ $\frac{1}{3}$ $\frac{2}{3}$ b $\frac{2}{4}$ $\frac{3}{4}$ $\frac{1}{2}$ $\frac{1}{4}$

c $\frac{1}{5}$ $\frac{2}{3}$ $\frac{9}{10}$ $\frac{1}{3}$ d $\frac{1}{20}$ $\frac{1}{10}$ $\frac{1}{2}$ $\frac{4}{9}$ $\frac{19}{20}$ $\frac{9}{10}$

11 Welche Zahlen liegen ...

a zwischen 0 und $\frac{1}{2}$?   b zwischen $\frac{1}{2}$ und 1?

0.7 $\frac{2}{3}$ 0.1 $\frac{3}{12}$

0.75 $\frac{1}{4}$ $\frac{3}{4}$ $\frac{7}{9}$

12 Zeichne zwei gleiche Rechtecke, in denen du beide Brüche gut darstellen kannst. Färbe die beiden Bruchteile ein und vergleiche sie. Verwende das passende Zeichen (<, > oder =).

$\frac{1}{4}$ und $\frac{1}{8}$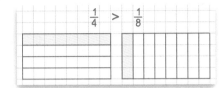

$\frac{3}{5}$ und $\frac{7}{10}$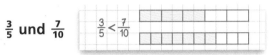

a $\frac{3}{4}$ und $\frac{5}{8}$ b $\frac{2}{5}$ und $\frac{3}{10}$ c $\frac{2}{3}$ und $\frac{5}{9}$ d $\frac{4}{6}$ und $\frac{2}{3}$ e $\frac{7}{10}$ und $\frac{2}{3}$

13 Welcher Bruch ist grösser? Erkläre, indem du mit Längenangaben oder Zeitangaben rechnest.

$\frac{1}{4}$ und $\frac{1}{5}$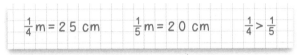

a $\frac{2}{5}$ und $\frac{1}{2}$ b $\frac{5}{6}$ und $\frac{9}{10}$ c $\frac{3}{4}$ und $\frac{4}{5}$

14 Vergleiche die beiden Zahlen. Verwende die Zeichen <, > oder =.

a $\frac{1}{4}$ und 0.4 b $\frac{1}{3}$ und 0.5 c $\frac{2}{5}$ und 0.7 d $\frac{1}{2}$ und 0.4

15 Stimmt die Aussage? Begründe deine Antwort.

a «Der Unterschied zwischen $\frac{1}{2}$ und $\frac{1}{3}$ ist gleich gross wie derjenige zwischen $\frac{1}{3}$ und $\frac{1}{4}$».

b «$\frac{1}{2}$ ist doppelt so gross wie $\frac{1}{4}$, $\frac{1}{4}$ ist doppelt so gross wie $\frac{1}{8}$, $\frac{1}{8}$ ist doppelt so gross wie $\frac{1}{16}$.»

c «$\frac{3}{6}$ sind gleich gross wie $\frac{9}{12}$.»

Routine

16 Vergleiche die Brüche. Verwende die Zeichen <, > oder =. $\frac{1}{2}$ und $\frac{1}{3}$

a $\frac{1}{5}$ und $\frac{1}{10}$ b $\frac{2}{3}$ und $\frac{2}{6}$ c $\frac{3}{4}$ und $\frac{3}{7}$ d $\frac{4}{7}$ und $\frac{4}{8}$ e $\frac{7}{9}$ und $\frac{7}{12}$

f $\frac{3}{9}$ und $\frac{7}{9}$ g $\frac{4}{10}$ und $\frac{8}{10}$ h $\frac{3}{12}$ und $\frac{2}{12}$ i $\frac{3}{5}$ und $\frac{4}{5}$ j $\frac{2}{5}$ und $\frac{4}{5}$

k $\frac{1}{8}$ und $\frac{5}{6}$ l $\frac{10}{12}$ und $\frac{2}{5}$ m $\frac{2}{9}$ und $\frac{3}{4}$ n $\frac{1}{3}$ und $\frac{3}{4}$ o $\frac{1}{2}$ und $\frac{2}{6}$

Brüche und Rechnungen

$\frac{1}{3} + \frac{1}{6}$

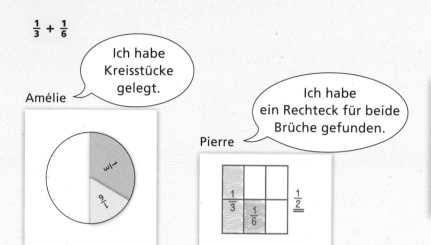

Amélie

Ich habe Kreisstücke gelegt.

Pierre

Ich habe ein Rechteck für beide Brüche gefunden.

Fatma

Ich stelle mir Brüche als Bruchteile von Stunden vor.

$\frac{1}{3}$h = 20 min

$\frac{1}{6}$h = 10 min

20 min + 10 min = 30 min

30 min = $\frac{1}{2}$ h

$\frac{1}{3} + \frac{1}{6} = \frac{1}{2}$

1 **Stelle die Rechnung dar. Bestimme das Resultat.**

a $\frac{2}{5} + \frac{2}{5}$ b $\frac{3}{4} + \frac{3}{4}$ c $\frac{1}{4} + \frac{1}{8}$

2 **Stelle die Rechnung dar. Bestimme das Resultat.**

$\frac{1}{3} - \frac{1}{6}$

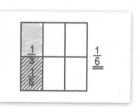

$\frac{1}{3}$h = 20 min

$\frac{1}{6}$h = 10 min

20 min − 10 min = 10 min

10 min = $\frac{1}{6}$ h

$\frac{1}{3} - \frac{1}{6} = \frac{1}{6}$

a $\frac{3}{4} - \frac{1}{4}$ b $1 - \frac{2}{5}$ c $\frac{1}{4} - \frac{1}{8}$

3 **Stelle die Rechnung dar. Bestimme das Resultat.**

$2 \cdot \frac{1}{3}$

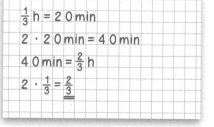

$\frac{1}{3}$h = 20 min

2 · 20 min = 40 min

40 min = $\frac{2}{3}$ h

$2 \cdot \frac{1}{3} = \frac{2}{3}$

a $3 \cdot \frac{1}{2}$ b $3 \cdot \frac{1}{4}$ c $2 \cdot \frac{2}{3}$

4 **Stelle die Rechnung dar. Bestimme das Resultat.**

$\frac{1}{2} : 2$

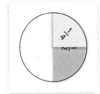

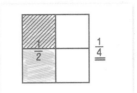

$\frac{1}{2}$ h = 30 min

30 min : 2 = 15 min

15 min = $\frac{1}{4}$ h

$\frac{1}{2}$: 2 = $\frac{1}{4}$

a $\frac{2}{3} : 2$

b $\frac{4}{5} : 2$

c $\frac{1}{4} : 2$

5 **Stelle die Rechnung dar. Bestimme das Resultat.**

Simon   Sara   Livio

3 : 4

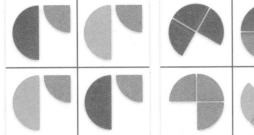

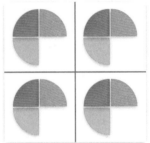

Du benötigst verschiedenfarbiges Papier.

a   Schneide 2 Kreise aus und verteile sie auf 5 Personen.

b   Schneide 7 Kreise aus und verteile sie auf 3 Personen.

c   3 : 6   d   5 : 3   e   10 : 4

Verschiedene Darstellungen für Brüche, die grösser als 1 sind:

$\frac{10}{3}$ = $\frac{3}{3} + \frac{3}{3} + \frac{3}{3} + \frac{1}{3}$ = $3\frac{1}{3}$

Bruch   gemischte Zahl

6 a Schreibe mehrere Additionen mit dem Resultat $\frac{1}{2}$ auf. Stelle die Rechnungen dar.

b Schreibe mehrere Additionen mit dem Resultat $\frac{3}{4}$ auf. Stelle die Rechnungen dar.

7 a Schreibe zwei Brüche mit der Differenz $\frac{1}{2}$ auf. Stelle die Rechnung dar.

b Schreibe zwei Brüche mit der Differenz $\frac{1}{3}$ auf. Stelle die Rechnung dar.

c Schreibe zwei Brüche mit der Differenz $\frac{1}{4}$ auf. Stelle die Rechnung dar.

8 Stimmt die Gleichung? Begründe deine Antwort.

a «$\frac{1}{2} + \frac{1}{2} = 1$»   b «$\frac{1}{2} + \frac{1}{4} = \frac{1}{6}$»   c «$\frac{3}{4} + \frac{1}{2} = \frac{4}{6}$»

9 a Erfinde eine Geschichte zur Rechnung $\frac{1}{2} + \frac{1}{4}$.

b Erfinde eine Geschichte zur Rechnung $\frac{1}{2} - \frac{1}{4}$.

10 Stelle die Rechnung dar. Bestimme das Resultat.

3 : 5

$3 : 5 = \frac{1}{5} + \frac{1}{5} + \frac{1}{5} = \frac{3}{5}$

a 2 : 6   b 2 : 7   c 2 : 8

11 Stelle die Rechnung dar. Bestimme das Resultat.

a $\frac{1}{2} : 3$ b $\frac{1}{2} : 4$ c $\frac{1}{3} : 3$ d $\frac{3}{2} : 3$ e $\frac{3}{2} : 4$

12 Stelle die Rechnung dar. Bestimme das Resultat.

a $\frac{1}{2} + \frac{1}{2} + \frac{1}{2}$ b $\frac{3}{6} + \frac{2}{6}$ c $\frac{4}{7} + \frac{4}{7}$ d $\frac{1}{3} + \frac{5}{6}$ e $\frac{1}{4} + \frac{3}{8}$

f $\frac{5}{7} - \frac{2}{7}$ g $\frac{3}{2} - \frac{1}{2}$ h $\frac{1}{2} - \frac{2}{4}$ i $\frac{3}{4} - \frac{2}{8}$ j $\frac{2}{3} - \frac{4}{9}$

13 Teile mehrmals. Stelle die Rechnungen dar. Bestimme die Resultate.

10 : 2

$10 : 2 = 5$

$5 : 2 = 2\frac{1}{2}$

$2\frac{1}{2} : 2 = 1\frac{1}{4}$

$1\frac{1}{4} : 2 = \frac{1}{2} + \frac{1}{8} = \frac{5}{8}$

a   Starte mit der Zahl 6. Teile mehrmals durch 2.

b   Starte mit der Zahl 6. Teile mehrmals durch 3.

c   Wähle eine einstellige Startzahl. Teile mehrmals durch 2.

d   Wähle eine einstellige Startzahl. Teile mehrmals durch 3.

---

14 Notiere die Division als Bruch, als Dezimalzahl und als gemischte Zahl.

17 : 10

als Bruch: $\frac{17}{10}$

als Dezimalzahl: 1.7

als gemischte Zahl: $1\frac{7}{10}$

a   11 : 10   b   245 : 100   c   1076 : 1000

---

15 Stelle die Rechnung dar. Bestimme das Resultat.

a $\frac{1}{2} + \frac{1}{3}$ b $\frac{1}{2} + \frac{1}{5}$ c $\frac{1}{4} + \frac{1}{5}$ d $\frac{3}{4} + \frac{4}{6}$ e $\frac{2}{3} + \frac{2}{5}$

f $\frac{1}{2} - \frac{1}{3}$ g $\frac{1}{2} - \frac{1}{5}$ h $\frac{1}{4} - \frac{1}{5}$ i $\frac{3}{4} - \frac{4}{6}$ j $\frac{2}{3} - \frac{2}{5}$

Zum Weiterdenken: S. 156, Aufgaben 17 bis 18

Runden

Wenn du auf den Zehner rundest, wird die Zehnerzahl gesucht, die am nächsten liegt.
Wenn du auf den Hunderter rundest, wird die Hunderterzahl gesucht, die am nächsten liegt.
Wenn du auf den Tausender rundest, wird die Tausenderzahl gesucht, die am nächsten liegt.

1 **Runde auf Zehner, Hunderter und Tausender.**

1836

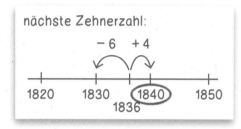

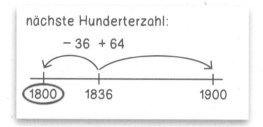

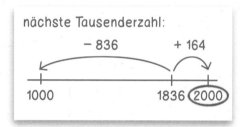

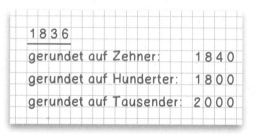

| a | 7034 | b | 9866 | c | 6396 |
| d | 26 633 | e | 37 977 | f | 85 100 |

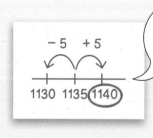

Wenn beide benachbarten Zahlen gleich weit weg sind, wird auf die grössere Zahl gerundet.

2 **Runde auf Zehner, Hunderter und Tausender.**

| a | 4165 | b | 6550 | c | 2985 |
| d | 73 500 | e | 15 050 | f | 45 995 |

3 **Runde auf Hundertstel, Zehntel und ganze Zahlen.**

2.736

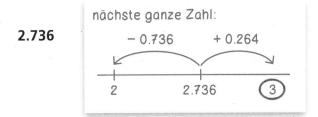

2.736	
gerundet auf Hundertstel:	2.7 4
gerundet auf Zehntel:	2.7
gerundet auf ganze Zahlen:	3

a 0.153

b 6.505

c 3.995

d 45.75

e 52.206

f 17.998

4 **Runde die Zeiten auf eine Viertelstunde und auf fünf Minuten genau.**

Runde 9.27 Uhr.

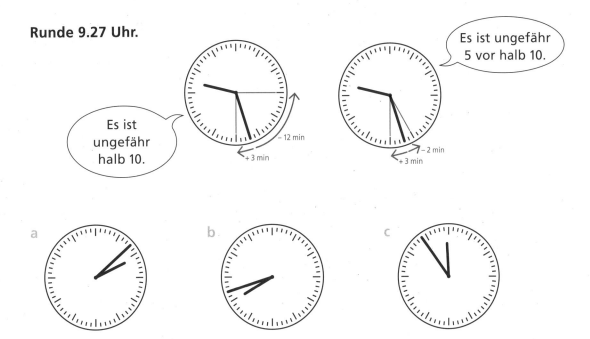

5 **Wann ist es sinnvoll, eine Uhrzeit zu runden?**

a Beschreibe eine Situation, in der das Runden auf …

… eine Viertelstunde sinnvoll ist.

… fünf Minuten sinnvoll ist.

b Beschreibe zwei Situationen, in denen du Zeitangaben nicht runden würdest.

6 Runde auf …

a 100 Fr. genau.
   489.70 Fr.
   2304.00 Fr.
   6981.60 Fr.

b 1 Fr. genau.
   737.90 Fr.
   65.45 Fr.
   159.65 Fr.

c 10 Rp. genau.
   200.35 Fr.
   9.95 Fr.
   0.05 Fr.

d 1 dl genau.
   8.7 dl
   50.6 dl
   0.4 dl

e 10 m genau.
   928.5 m
   15.02 m
   3094.19 m

f 100 kg genau.
   544.3 kg
   6070 kg
   75.28 kg

7 Vanessa hat die Einwohnerzahlen ihrer eigenen
Gemeinde und ihrer Nachbargemeinden
mit Würfeln dargestellt. Ein Würfel entspricht
1000 Einwohnern.

Weil die Einwohnerzahlen nicht genau dargestellt werden können, hat Vanessa gerundet.

a Wie viele Einwohner hat …
   … jede Gemeinde mindestens?
   … jede Gemeinde höchstens?

b Bestimme ungefähr die Einwohnerzahl aller
   fünf Gemeinden zusammen.

c Wie viele Einwohner haben alle fünf Gemeinden zusammen …
   … mindestens?
   … höchstens?

8 Welche der Zahlen im Kasten erfüllen die vier Eigenschaften?

61 673	78 030	16 540	90 144
4951	2932	37 630	71 772
8720	1603	28 116	54 680

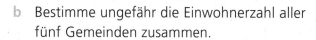

a Die Zahl wird auf …

… Zehner	abgerundet.
… Hunderter	aufgerundet.
… Tausender	aufgerundet.
… Zehntausender	abgerundet.

b Die Zahl wird auf …

… Zehner	nicht gerundet.
… Hunderter	abgerundet.
… Tausender	aufgerundet.
… Zehntausender	aufgerundet.

9 Runde auf …

a	10 m genau.	b	100 kg genau.	c	1 dl genau.
	7895 m		2.75 t		2.790 l
	3.247 km		4.997 t		394 ml
	4878 cm		0.890 t		20.61 l

d	1 cm genau.	e	10 g genau.	f	1 cl genau.
	13.7 cm		600.5 g		92.9 cl
	1.234 m		34.807 kg		1996 ml
	3331 mm		1.824 kg		5.79 dl

10 Begründe, ob es sinnvoll ist, die Zahlen zu runden.

a Hausnummern:
Bahnhofstrasse 96, Affolternstrasse 237

b Eintritte Zoo Zürich:
1 627 132 Eintritte (2006), 1 827 293 Eintritte (2012)

c Distanzen zwischen Städten (Luftlinie):
223.9 km (Zürich–Genf), 158.6 km (Bern–Chur)

d Weltrekorde 100-m-Lauf (Stand Ende 2013):
9.58 s (Männer), 10.49 s (Frauen)

e Rang beim New York Marathon (2003):
8. Rang (Adriana Fernandez), 17 112. Rang (Doris Kamer)

Routine

11 Runde auf …

a	Tausender.	b	Hunderter.	c	Zehner.
	9716		213		809
	80 622		7466		5225
	577		4150		8995

d	Einer.	e	Zehntel.	f	Hundertstel.
	72.7		3.44		6.069
	5.37		0.681		0.805
	83.52		4.03		7.104

Zum Weiterdenken: S. 156, Aufgabe 19

Zahlen untersuchen

Ist die Zahl 644 durch 4 teilbar?

Ich prüfe, ob die Zahl durch 2 teilbar ist und das Resultat wieder durch 2 teilbar ist.

644 : 2 = 322
322 : 2 = 161

Ich zerlege 644 in Zahlen, die durch 4 teilbar sind.

644 : 4 =
400 : 4 = 100
240 : 4 = 60
  4 : 4 =   1

Ich rechne schriftlich.

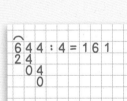

644 : 4 = 161

1 **Welche der Zahlen im Kasten sind ...**

555	336	700	856	807
1188	196	920	776	580
	981	1000	144	

a   durch 4 teilbar? Notiere drei Zahlen.

b   durch 8 teilbar? Notiere drei Zahlen.

c   durch 3 teilbar? Notiere zwei Zahlen.

d   durch 6 teilbar? Notiere zwei Zahlen.

e   durch 9 teilbar? Notiere zwei Zahlen.

2 **Zerlege die Zahl in zwei Faktoren.**
Finde möglichst viele verschiedene Multiplikationen.

a 24

b 32

c 54

d 42

e Finde eine Zahl zwischen 50 und 100, die du in
   möglichst viele verschiedene Multiplikationen
   mit zwei Faktoren zerlegen kannst. Schreibe alle
   Multiplikationen auf, die du findest.

72

72
$1 \cdot 72$
$2 \cdot 36$
$3 \cdot 24$
$4 \cdot 18$
$6 \cdot 12$
$8 \cdot 9$

3 **Stimmt die Aussage?**

Überprüfe die Aussage an weiteren Beispielen.
Versuche, die Aussage zu begründen, oder widerlege sie mit einem Gegenbeispiel.

a «Wenn zu einer durch 8 teilbaren Zahl 24 addiert wird, so ist das Resultat
   auch durch 8 teilbar.»

$16 : 8 = 2$
$16 + 24 = 40$
$40 : 8 = 5$

$88 : 8 = 11$
$88 + 24 = 112$
$112 : 8 = 14$

b «Wenn zwei Zahlen je durch 2 teilbar sind, so ist die Summe durch 4 teilbar.»

$4 : 2 = 2$
$12 : 2 = 6$
$4 + 12 = 16$
$16 : 4 = 4$

$22 : 2 = 11$
$10 : 2 = 5$
$22 + 10 = 32$
$32 : 4 = 8$

c «Die Summe von vier aufeinanderfolgenden Zahlen ist durch 2 teilbar.»

$3 + 4 + 5 + 6 = 18$
$18 : 2 = 9$

$15 + 16 + 17 + 18 = 66$
$66 : 2 = 33$

4 Schreibe zur Eigenschaft vier bis sechs passende Zahlen auf.
Was fällt dir auf, wenn du die Ziffern der Zahlen vergleichst?

a   Zahlen, die durch 25 teilbar sind

b   Zahlen, die durch 50 teilbar sind

c   Zahlen, die durch 100 teilbar sind

d   Zahlen, die durch 1000 teilbar sind

---

5 Welche der Zahlen im Kasten sind …

255	300	104	136
189	384	750	374
505	343	864	990

a   durch 2 teilbar?

b   durch 5 teilbar?

c   durch 10 teilbar?

d   durch 4 teilbar?

e   durch 8 teilbar?

f   durch 3 teilbar?

g   durch 6 teilbar?

h   durch 9 teilbar?

i   durch 3 und 6 teilbar? Was fällt dir auf?

j   durch 3 und 9 teilbar? Was fällt dir auf?

k   durch 6 und 9 teilbar? Was fällt dir auf?

---

6 Stimmt die Aussage? Begründe deine Antwort.

a   «Jede Zahl, die durch 4 teilbar ist, ist auch durch 2 teilbar.»

b   «Jede Zahl, die durch 8 teilbar ist, ist auch durch 4 teilbar.»

c   «Jede Zahl, die durch 4 teilbar ist, ist auch durch 8 teilbar.»

d   «Jede Zahl, die durch 3 und durch 6 teilbar ist, ist auch durch 9 teilbar.»

e   «Jede Zahl, die durch 1000 teilbar ist, ist auch durch 10, durch 20 und durch 50 teilbar.»

7 Löse die Zahlenrätsel.

a
> Meine Zahl liegt zwischen 500 und 550. Sie ist durch 2, 4, 5, 8 und 10 teilbar.

b
> Meine zwei Zahlen sind kleiner als 20 und durch 4 teilbar. Sie sind aber nicht durch 8 teilbar.

c
> Meine Zahl ist vierstellig und durch 1000, 100, 10 und 9 teilbar.

d
> Meine Zahl liegt zwischen 65 und 85. Sie ist durch 9, aber nicht durch 6 teilbar.

8 Stimmt die Aussage? Überprüfe die Aussage an weiteren Beispielen.
Versuche, die Aussage zu begründen, oder widerlege sie mit einem Gegenbeispiel.

a «Wenn zwei Zahlen je durch 9 teilbar sind, so ist die Differenz auch durch 9 teilbar.»

Beispiele: $72 - 27 = 45; 45 : 9 = 5$ $180 - 36 = 144; 144 : 9 = 16$

b «Die Summe von drei aufeinanderfolgenden Zahlen ist durch 6 teilbar.»

Beispiele: $1 + 2 + 3 = 6; 6 : 6 = 1$ $15 + 16 + 17 = 48; 48 : 6 = 8$

c «Die Summe von drei aufeinanderfolgenden geraden Zahlen ist durch 4 teilbar.»

Beispiele: $6 + 8 + 10 = 24; 24 : 4 = 6$ $14 + 16 + 18 = 48; 48 : 4 = 12$

d «Die Summe von zwei aufeinanderfolgenden ungeraden Zahlen ist durch 4 teilbar.»

Beispiele: $3 + 5 = 8; 8 : 4 = 2$ $19 + 21 = 40; 40 : 4 = 10$

9 Gian hat Nüsse gesammelt. Er kann die Nüsse ohne Rest gleichmässig auf 5, auf 6 oder auf 9 Personen verteilen. Wie viele Nüsse hat Gian mindestens gesammelt?

Routine

10 Bestimme die Differenz zwischen den beiden Zahlen.

a		b		c	
4000,	5	700 000,	7000	8000,	5
4000,	500	700 000,	70 000	8000,	800
4000,	50	700 000,	70	50 000,	9000
80 000,	200	70 000,	7000	50 000,	40
80 000,	20	70 000,	70	200 000,	60 000
80 000,	2000	7000,	700	200 000,	300

Zum Weiterdenken: S. 157, Aufgaben 20 bis 23

Körper

Kantenmodelle von Körpern

1 **Erforsche das Kantenmodell eines Würfels.**

a Stelle ein Kantenmodell eines Würfels her.

b Versuche, das Kantenmodell des Würfels so in der Hand zu halten wie auf den Bildern A bis H. Auf welchen zwei Bildern ist kein Kantenmodell eines Würfels dargestellt?

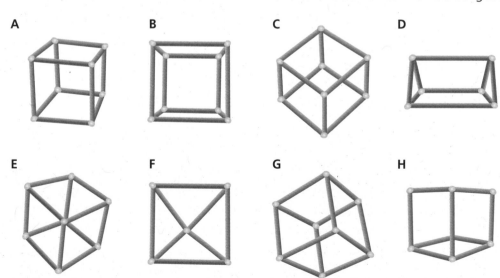

Darstellungen auf Punktepapier

 Würfel können auf Punktepapier dargestellt werden.

2 Welche Darstellung auf Punktepapier gehört zu welchem Gebäude (A bis H)?
Ordne die Namen den Buchstaben zu.

Sara

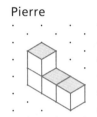

Pierre

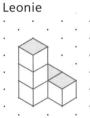

Leonie

Gian

Livio

Daniela

Simon

Amélie

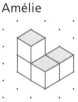

A

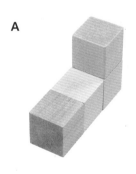

B

C

D

E

F

G

H

3 Welches Kantenmodell gehört zu welchem Körper (A bis D)?
Ordne die Namen den Buchstaben zu.

Xenia   Mario   Kim   Kai

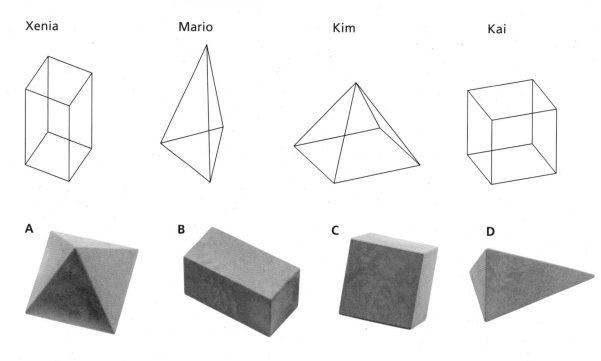

A   B   C   D

---

4 Aus wie vielen Holzwürfeln besteht das Gebäude?

a   b   c   d

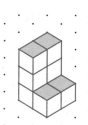 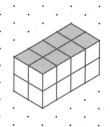 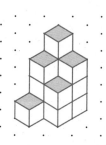 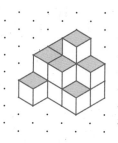

e   f   g

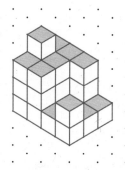 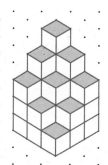 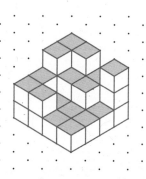

5 Immer zwei Darstellungen (A bis H) zeigen das gleiche Gebäude.
Ordne die entsprechenden beiden Buchstaben einander zu.

A

B

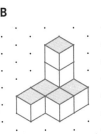

C

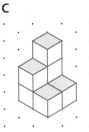

D

E

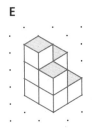

F

G

H

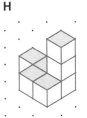

6 Körper können unterschiedlich gezeichnet werden.

Variante A	Variante B	Variante C

Zeichne den Körper in den drei Varianten A bis C.

a

b

c

Zum Weiterdenken: S. 168 und 169, Aufgaben 9 bis 10

Rechnen mit Dezimalzahlen

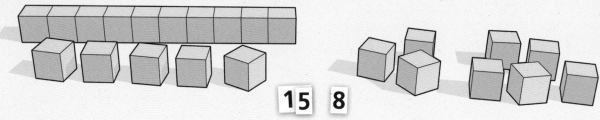

15 8

15 + 8 = 23

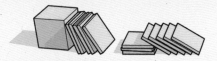

1.5 0.8

1.5 + 0.8 = 2.3

0.15 0.08

0.15 + 0.08 = 0.23

0.015 0.008

0.015 + 0.008 = 0.023

1 **Rechne aus.**
Notiere deine Rechenschritte.

a   0.63 + 0.74

b   0.596 + 0.007

c   2.851 + 0.026

d   0.51 − 0.39

e   0.802 − 0.005

f   4.039 − 0.019

2 **Rechne aus.**

a   658 + 309
    6.58 + 3.09

b   287 + 450
    0.287 + 0.45

c   980 + 52
    0.98 + 0.052

d   227 − 84
    2.27 − 0.84

e   434 − 109
    43.4 − 10.9

f   531 − 480
    0.531 − 0.48

3 **Rechne aus.**

a   0.806 + 0.5
    0.806 + 0.05
    0.806 + 0.005
    0.086 + 0.05
    0.086 + 0.005

b   4.07 + 1.09
    40.7 + 1.9
    0.407 + 0.19
    0.47 + 1.09
    0.047 + 0.019

c   0.301 − 0.2
    0.031 − 0.02
    0.301 − 0.02
    0.031 − 0.002
    0.301 − 0.002

4 600 · 0.04

a Rechne aus. Notiere deine Rechenschritte.

b Auch das sind Rechenwege zu 600 · 0.04.
   Ist einer ähnlich wie dein Rechenweg?

Amélie

$$6 \cdot 0.04 = 0.24$$
$$60 \cdot 0.04 = 2.4$$
$$600 \cdot 0.04 = \underline{\underline{24}}$$

Jan

$$600 \cdot 4 = 2400$$
$$600 \cdot 0.4 = 240$$
$$600 \cdot 0.04 = \underline{\underline{24}}$$

5 Rechne aus.
Notiere deine Rechenschritte.

a 5 · 0.008   b 3 · 0.7   c 20 · 0.09

d 0.006 · 40   e 800 · 0.003   f 0.05 · 500

6 64 : 80

a Rechne aus. Notiere deine Rechenschritte.

b Auch das sind Rechenwege zu 64 : 80.
   Ist einer ähnlich wie dein Rechenweg?

Fatma

$$64 : 8 = 8$$
$$8 : 10 = \underline{\underline{0.8}}$$

Rafael

$$64 : 10 = 6.4$$
$$6.4 : 8 = \underline{\underline{0.8}}$$

Vanessa

$$64 : 8 = 8$$
$$64 : 80 = \underline{\underline{0.8}}$$

7 Rechne aus.
Notiere deine Rechenschritte.

a 0.28 : 4   b 0.045 : 5   c 0.24 : 60

d 2.1 : 70   e 18 : 20   f 5.6 : 80

8 Rechne aus.

a 10 · 0.09
    10 · 0.7
    10 · 0.002

b 100 · 0.8
    100 · 0.004
    100 · 0.05

c 1000 · 0.005
    1000 · 0.06
    1000 · 0.3

9 Rechne aus.

a 0.742 + 0.09
    0.895 + 0.006

b 0.39 + 0.38
    0.027 + 0.058

c 5.744 + 0.025
    6.087 + 0.34

d 0.162 − 0.08
    0.503 − 0.005

e 0.72 − 0.51
    0.064 − 0.036

f 8.095 − 0.032
    4.179 − 0.25

10 Rechne aus.

a 3 · 0.006
    8 · 0.015

b 40 · 0.09
    60 · 0.005

c 200 · 0.7
    500 · 0.08

d 0.045 : 5
    0.36 : 9

e 5   : 20
    0.4 : 50

f 2.1 : 300
    160 : 400

11 Schreibe die Rechnungen ab und rechne sie aus.
Kreise das Resultat ein, das nicht zu den zwei anderen passt.

a 1400 + 620
    0.14 + 0.62
    14 + 6.2

b 0.066 + 0.084
    6.60 + 0.84
    660 + 840

c 3.08 + 0.97
    3080 + 970
    0.38 + 0.097

d 9.3 − 0.18
    0.093 − 0.018
    930 − 180

e 101 − 32
    0.101 − 0.032
    1.01 − 0.032

f 5.3 − 4.6
    503 − 406
    0.053 − 0.046

12 Ergänze die fehlenden Zahlen.

a $3.8 + \underline{\hspace{1cm}} = 6.4$ b $0.74 + \underline{\hspace{1cm}} = 0.87$ c $0.047 + \underline{\hspace{1cm}} = 0.075$

   $8.5 + \underline{\hspace{1cm}} = 12.1$ $0.65 + \underline{\hspace{1cm}} = 1.48$ $0.031 + \underline{\hspace{1cm}} = 0.122$

   $45.2 + \underline{\hspace{1cm}} = 50.3$ $0.09 + \underline{\hspace{1cm}} = 1.12$ $0.098 + \underline{\hspace{1cm}} = 0.103$

d $5.5 - \underline{\hspace{1cm}} = 3.7$ e $0.62 - \underline{\hspace{1cm}} = 0.21$ f $0.039 - \underline{\hspace{1cm}} = 0.006$

   $7.2 - \underline{\hspace{1cm}} = 1.8$ $0.84 - \underline{\hspace{1cm}} = 0.35$ $0.051 - \underline{\hspace{1cm}} = 0.048$

   $31.4 - \underline{\hspace{1cm}} = 26.2$ $1.59 - \underline{\hspace{1cm}} = 0.77$ $0.186 - \underline{\hspace{1cm}} = 0.093$

13 Ergänze die fehlenden Zahlen.

a $4 \cdot \underline{\hspace{1cm}} = 2.8$ b $\underline{\hspace{1cm}} \cdot 7 = 0.56$ c $\underline{\hspace{1cm}} : 2 = 0.035$

   $6 \cdot \underline{\hspace{1cm}} = 0.54$ $\underline{\hspace{1cm}} \cdot 8 = 0.4$ $\underline{\hspace{1cm}} : 5 = 0.06$

   $9 \cdot \underline{\hspace{1cm}} = 0.072$ $\underline{\hspace{1cm}} \cdot 5 = 0.04$ $\underline{\hspace{1cm}} : 3 = 0.125$

14 Rechne aus. Notiere deine Rechenschritte.

a $3.304 + 1.374$ b $2.355 + 0.999$ c $6.147 + 7.348$

d $6.264 - 2.135$ e $17.34 - 8.48$ f $1.116 - 0.998$

15 Rechne aus. Notiere deine Rechenschritte.

a $8 \cdot 6.022$ b $5 \cdot 0.765$ c $12 \cdot 5.012$

d $6.036 : 6$ e $4.914 : 7$ f $9.648 : 3$

Routine

16 a Ergänze auf 1.   b Ergänze auf 1.   c Ergänze auf 0.1.

   0.47   0.916   0.092

   0.81   0.051   0.004

   0.06   0.777   0.059

   0.29   0.498   0.033

   d Ergänze auf 10.   e Ergänze auf 10.   f Ergänze auf 100.

   1.8   3.92   54.3

   5.5   6.25   80.6

   0.7   2.08   34.1

   6.3   5.71   9.8

Zum Weiterdenken: S. 162, Aufgaben 6 bis 7

Terme und Gleichungen

Die Klammern zeigen, was zuerst ausgerechnet wird. Ich zeichne einen Rechenbaum und rechne aus.

$(4+5) \cdot 20 = 180$

$(4+5) \cdot 20$

$4+(5 \cdot 20)$

$4+(5 \cdot 20) = 104$

---

1   **Schreibe die Terme ab. Zeichne jeweils einen Rechenbaum und rechne aus.**

a $(5000 : 100) \cdot 5$
   $5000 : (100 \cdot 5)$

b $(300 \cdot 2) : 100$
   $300 \cdot (2 : 100)$

c $(650 + 550) + 450$
   $650 + (550 + 450)$

d $(2000 - 1300) - 700$
   $2000 - (1300 - 700)$

e $(80 \cdot 90) - 40$
   $80 \cdot (90 - 40)$

f $(100 - 70) : 5$
   $100 - (70 : 5)$

---

2   **Schreibe die Gleichung ab. Setze die Klammern so, dass die Gleichung stimmt.**

a $600 - 480 + 120 = 0$

b $320 + 80 : 4 = 100$

c $4 \cdot 50 - 50 = 0$

d $840 : 7 \cdot 2 = 60$

e $9600 - 3600 - 1600 = 7600$

f $5 + 6 \cdot 30 = 330$

Terme	z. B.	9	3.1	$\frac{2}{7}$	$40 + 60$	$2 : 7$	$(35 - 27) \cdot 8$
Gleichungen	z. B.	$4 \cdot 23 = 92$		$2 = 1.5 + \frac{1}{2}$		$120 : 3 = 5 \cdot (6 + 2)$	
Ungleichungen	z. B.	$12 < 20$		$8.1 > 10 - 2.1$	$5 + \frac{1}{2} \neq \frac{5}{2}$		

3 Löse die Gleichung.
Welche Zahl musst du einsetzen, damit die Gleichung stimmt?

8 · (▒▒▒ – 17) = 720

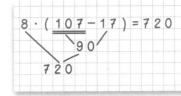

Ich zeichne einen
Rechenbaum.

a   3 + (5 · ▒▒▒) = 18

b   (70 – ▒▒▒) : 2 = 25

c   300 – (▒▒▒ – 40) = 200

d   (▒▒▒ + 30) · 3 = 600

e   6 · (900 + ▒▒▒) = 9000

f   (▒▒▒ – 100) · 10 = 0

4 Löse die Ungleichung.
Welche der Zahlen im Kasten kannst du in der Ungleichung einsetzen?
Notiere die passenden Zahlen.

	33	88	144	199	255
11	55	122	177	222	

a   144 + ▒▒▒ < 255

b   199 – ▒▒▒ > 144

c   33 + ▒▒▒ > 199

d   333 – ▒▒▒ < 122

e   ▒▒▒ + 88 > 222

f   ▒▒▒ – 55 > 140

5 Löse die Ungleichung.
Welche der Zahlen im Kasten kannst du in der Ungleichung einsetzen?
Notiere die passenden Zahlen.

	4	9	14	22	30
1	6	11	18	25	

a   2 · ▒▒▒ < 15

b   100 : ▒▒▒ > 10

c   5 · ▒▒▒ > 70

d   ▒▒▒ : 3 < 5

e   ▒▒▒ · 8 < 35

f   40 : ▒▒▒ < 2

6 Rechne aus.
Zeichne einen Rechenbaum, oder vereinfache den Term schrittweise.

Mario   Xenia

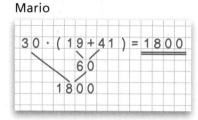

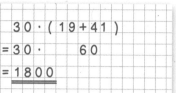

30 · (19 + 41)

a   4400 : (9.7 + 10.3)   **b**   (1.66 − 0.46) : 60

c   7.2 − (1.05 + 3.05)   **d**   (0.246 + 0.114) · 200

e   (220 + 280) · (0.39 + 0.31)   **f**   (7.24 − 0.99) − (2.35 − 1.85)

---

7 Von den drei Termen haben jeweils zwei Terme das gleiche Resultat.
Notiere sie als Gleichung.

a   (120 − 40) − 30
      120 − (40 − 30)
      120 − (40 + 30)

b   (6 + 7) · 3
      (6 · 3) + (7 · 3)
      6 + (7 · 3)

c   280 : (14 : 2)
      (280 : 14) : 2
      280 : (14 · 2)

d   (30 − 10) + (10 − 10)
      (30 − (10 + 10)) − 10
      30 − (10 + (10 − 10))

---

8 Welche Zahl musst du einsetzen, damit die Gleichung stimmt?

a   (4 + 5) · (2 + █████) = 81   **b**   80 − (60 − (40 − █████)) = 30

c   (█████ : 7) − (35 : 7) = 2   **d**   100 + ((█████ + 300) : 5) = 200

e   (100 − █████) · (10 − 8) = 150   **f**   ((50 + █████) · 5) · 4 = 1000

---

9 Rechne aus.

a   289 − (3 · 15)   **b**   (8.4 + 8.04) : 2

c   (2 · 140) + (800 : 5)   **d**   10.2 : (18 : 9)

e   (110 − 70) · (770 − 550)   **f**   (3.8 + 0.7) : (72 : 8)

g   300 − (200 − (100 − 50))   **h**   5 · (8 − (6 · 0.4))

10 Welche der Zahlen im Kasten kannst du in der Ungleichung einsetzen?
Notiere die passenden Zahlen.

	10	40	150	500
5	20	80	300	1000

a $(65 + \underline{}) \cdot 10 < 1000$

b $750 - (\underline{} + 50) > 500$

c $2000 - (\underline{} - 60) < 1600$

d $606 + (\underline{} : 2) > 660$

e $250 + (\underline{} \cdot 6) < 500$

f $(1000 - \underline{}) : 20 < 40$

11 Welche ganzen Zahlen kannst du in der Ungleichung einsetzen?
Notiere die möglichen Zahlen.

a $240 < 160 + \underline{} < 250$

b $355 > 500 - \underline{} > 350$

c $202 > \underline{} + 44 > 198$

d $120 < \underline{} - 270 < 125$

e $400 < \underline{} \cdot 8 < 440$

f $170 > 480 : \underline{} > 70$

12 Welcher Term (A bis C) passt zur Situation? Notiere den Buchstaben.

a Kim hat 12 Spielsteine. Livio hat 15 Spielsteine. Sara hat dreimal so viele
Spielsteine wie Kim und Livio zusammen.
A $12 + (15 \cdot 3)$ B $3 \cdot (12 + 15)$ C $(12 + 15) + 3$

b Pierre hat 30 Spielsteine. Daniela hat 20 Spielsteine mehr als das Vierfache
der Anzahl Spielsteine von Pierre.
A $(30 + 20) \cdot 4$ B $30 + (20 \cdot 4)$ C $(4 \cdot 30) + 20$

c Gian hat 70 Spielsteine. Leonie hat 150 Spielsteine. Kai hat halb so viele
Steine wie die Differenz zwischen der Anzahl Steine von Gian und Leonie.
A $(150 : 2) - 70$ B $(150 - 70) : 2$ C $2 \cdot (150 - 70)$

13 Rechne aus.

a $1 \cdot (1 + (1 \cdot (1 + 1)))$

b $(1 \cdot (1 + 1)) \cdot ((1 \cdot 1) + 1)$

c $1 + (1 \cdot ((1 + 1) \cdot (1 + 1)))$

d $((1 + (1 - 1)) \cdot 1) \cdot ((1 + 1) : 1)$

Zum Weiterdenken: S.163, Aufgaben 8 bis 9

Proportionalität

1   **8 Gläser Honig kosten 136 Fr. Wie viel kosten 6 Gläser?**

Rechne mit proportionalen Wertepaaren.

a   Rechne aus. Schreibe deinen Rechenweg auf.

b   Vergleiche deinen Rechenweg mit den Rechenwegen
von Jan, Vanessa und Simon.
Ist einer ähnlich wie dein Rechenweg?

Honig
8 Gläser   **136 Fr.**

Jan

Anzahl	–	Preis
8	–	1 3 6 Fr.
6	–	?
4	–	6 8 Fr.
2	–	3 4 Fr.
6	–	1 0 2 Fr.

: 2   +

Vanessa

Anzahl	–	Preis
8	–	1 3 6 Fr.
6	–	?
1	–	1 7 Fr.
6	–	1 0 2 Fr.

: 8   · 6

Simon

Anzahl	–	Preis
8	–	1 3 6 Fr.
6	–	?
2 4	–	4 0 8 Fr.
6	–	1 0 2 Fr.

· 3   : 4

2   **Bestimme die Preise.**

Rechne mit proportionalen Wertepaaren.

a

Gurken

4 Stück   **3.80 Fr.**

Wie viel kosten 10 Gurken?

b

Radieschen

5 Bund   **9 Fr.**

Wie viel kosten 7 Bund Radieschen?

c

Limetten

9 Stück   **4.95 Fr.**

Wie viel kosten 15 Limetten?

d

Jogurt

8 Stück   **6.80 Fr.**

Wie viel kosten 12 Jogurts?

3 **3 kg Birnen kosten 8.10 Fr. Wie viel kosten 4.5 kg Birnen?**

Rechne mit proportionalen Wertepaaren.

a Rechne aus. Schreibe deinen Rechenweg auf.

b Vergleiche deinen Rechenweg mit den Rechenwegen
von Fatma, Rafael und Amélie.
Ist einer ähnlich wie dein Rechenweg?

Birnen
3 kg   8.10 Fr.

Fatma

Menge	–	Preis
3 kg	–	8.10 Fr.
4.5 kg	–	?	: 6
0.5 kg	–	1.35 Fr.	· 9
4.5 kg	–	12.15 Fr.

Rafael

Menge	–	Preis
3 kg	–	8.10 Fr.
4.5 kg	–	?	· 3
9 kg	–	24.30 Fr.	: 2
4.5 kg	–	12.15 Fr.

Amélie

Menge	–	Preis
3 kg	–	8.10 Fr.
4.5 kg	–	?	+
1.5 kg	–	4.05 Fr.
4.5 kg	–	12.15 Fr.

4 **Bestimme die Preise.**

Rechne mit proportionalen Wertepaaren.

a

Äpfel

4 kg   12.80 Fr.

Wie viel kosten 6 kg Äpfel?

b

Himbeeren

400 g   14.40 Fr.

Wie viel kosten 250 g Himbeeren?

c

Zwiebeln

360 g   1.80 Fr.

Wie viel kosten 600 g Zwiebeln?

d

Baumnüsse

450 g   13.50 Fr.

Wie viel kosten 270 g Baumnüsse?

5 Auf den Kärtchen sind die Preise von verschiedenen Einkäufen abgebildet.

3 Gläser Konfitüre: 13.50 Fr.	4 Melonen: 15.20 Fr.	7 Flaschen Sirup: 19.60 Fr.	8 Brote: 30 Fr.

Bestimme die Preise …

a für 5 Gläser Konfitüre.   b für 6 Melonen.

c für 5 Flaschen Sirup.   d für 3 Brote.

6 Bestimme die gesuchten Grössen. Rechne mit proportionalen Wertepaaren.

a Leonie liest in 6 min 2 Seiten in ihrem Buch.
Wie lange braucht sie für 5 Seiten?
Wie viele Seiten kann sie in 45 min lesen?

b Mario liest in 40 min 24 Seiten in seinem Buch.
Wie lange braucht er für 30 Seiten?
Wie viele Seiten kann er in 1 h lesen?

c Xenia liest in 45 min 36 Seiten in ihrem Buch.
Wie lange braucht sie für 20 Seiten?
Wie viele Seiten kann sie in 1 h 20 min lesen?

7 Bestimme die gesuchten Grössen. Rechne mit proportionalen Wertepaaren.

a 500 g Trauben kosten 4.50 Fr.
Wie viel kosten 300 g, 700 g, 400 g, 200 g Trauben?

b Ein Bergseil von 20 m Länge kostet 150 Fr.
Wie viel kosten 6 m, 14 m, 34 m, 50 m, 75 m Bergseil?

c 250 ml Olivenöl sind 225 g schwer.
Wie schwer sind 100 ml, 450 ml, 750 ml, 2 l, 30 l Olivenöl?

8 Berechne den Preis.
   a 500 g Spinat kosten 5.25 Fr. Wie viel kosten 300 g Spinat?
   b 500 g grüner Spargel kosten 9.75 Fr. Wie viel kosten 1.1 kg grüner Spargel?
   c 200 g Bohnen kosten 3.20 Fr. Wie viel kosten 450 g Bohnen?
   d 3 kg Karotten kosten 8.40 Fr. Wie viel kosten 750 g Karotten?
   e 750 g Radieschen kosten 11.25 Fr. Wie viel kosten 450 g Radieschen?

9 Miss die Strecke A im Bild. In Wirklichkeit ist sie 2 km lang.
   Miss die Strecken B bis E. Berechne ihre Längen in Wirklichkeit.

10 Welches Wertepaar ist nicht proportional zu den beiden anderen? Schreibe es auf. Verändere einen Wert dieses Wertepaares so, dass es proportional zu den beiden anderen ist.

   a 30 min – 4800 m   b 70 ml – 182 g   c 210 s – 7140 l

      45 min – 7290 m   50 ml – 135 g   120 s – 4080 l

      25 min – 4000 m   80 ml – 216 g   150 s – 5250 l

11 Familie Wang kauft ein neues Auto. Gemäss Katalog verbraucht es pro 100 km 7 l Treibstoff. Im täglichen Verkehr zeigt sich, dass das Auto der Familie Wang mit 10 l Treibstoff durchschnittlich 125 km weit kommt.

   a Wie viel Benzin verbraucht das Auto der Familie Wang …
      … für 150 km im täglichen Verkehr?
      … für 150 km gemäss Katalog?

   b Vergleiche die beiden berechneten Werte.

Zum Weiterdenken: S. 178, Aufgaben 14 bis 15

Mittelwert

Wenn du Daten auswertest, ist es interessant, das Minimum, das Maximum und
einen Mittelwert (einen Wert in der Mitte) zu kennen.
Es gibt verschiedene Mittelwerte. Der bekannteste Mittelwert ist der Durchschnitt.
Es gibt aber auch noch andere Mittelwerte, zum Beispiel den Zentralwert.

1 **Bestimme die durchschnittliche Anzahl Spielsteine.**

a Nach einem Spiel haben fünf Personen ihre Anzahl Spielsteine aufeinandergestapelt.
Die Spielsteine sollen gleichmässig neu verteilt werden. Schreibe auf, wie du vorgehst.
Wie viele Spielsteine bekommt jede Person?

Gian   Sara   Kai   Kim   Jan

b Auch das sind Vorgehensweisen, um die
durchschnittliche Anzahl Spielsteine
zu bestimmen. Ist eine ähnlich wie deine
Vorgehensweise?

> Ich lege alle Spielsteine zusammen
> und verteile sie gleichmässig.
>
> Gian

> Wer viele Spielsteine hat, gibt den
> anderen ab: Ich bekomme zwei
> Steine von Jan. Jan gibt einen Stein
> an Kai. Sara gibt einen Spielstein
> an Gian.
>
> Kim

> Ich zähle alle Spielsteine
> zusammen und dividiere
> die Summe durch 5.
> $4 + 6 + 4 + 3 + 8 = 25$
> $25 : 5 = 5$
> Jeder erhält 5 Steine.
>
> Sara

c Nach der nächsten Spielrunde sind die Spielsteine wie folgt auf die fünf Personen
verteilt: Gian 1, Sara 9, Kai 7, Kim 2 und Jan 6.
  ‣ Zeichne die aufeinandergestapelten Spielsteintürme.
  ‣ Bestimme die durchschnittliche Anzahl Spielsteine.
  ‣ Zeichne die durchschnittliche Anzahl Spielsteine in deiner Zeichnung ein.

d Gegeben sind sechs Stapel mit 3, 10, 5, 4, 7 und 4 Spielsteinen.
  ‣ Zeichne die Stapel der Grösse nach geordnet auf.
  ‣ Bestimme die durchschnittliche Anzahl Spielsteine. Dazu musst du mit Brüchen
    oder Dezimalzahlen rechnen.
  ‣ Zeichne die durchschnittliche Anzahl Spielsteine in deiner Zeichnung ein.

2 **Bestimme die durchschnittliche Körpergrösse.**

In einer Gruppe von Schülerinnen und Schülern wurden die Körpergrössen gemessen.

Mädchen

Körpergrösse in cm	138	130	146	149	147	150	142	154

Knaben

Körpergrösse in cm	133	141	147	137	144	156

a Berechne die durchschnittliche Körpergrösse der Mädchen.

b Berechne die durchschnittliche Körpergrösse der Knaben.

c Beurteile die Aussagen von Daniela und Fatma.

> Ein Knabe ist der Grösste der Gruppe. Ein Mädchen ist die Kleinste der Gruppe.
>
> Daniela

> Die Mädchen sind im Durchschnitt grösser als die Knaben.
>
> Fatma

3 **Berechne den Durchschnitt.**

a
- 2, 8
- 2, 8, 8
- 2, 8, 8, 10
- 2, 8, 8, 10, 2

b
- 65, 23
- 65, 23, 38
- 65, 23, 38, 46
- 65, 23, 38, 46, 43

c
- 5.5, 7.7
- 5.5, 7.7, 9.0
- 5.5, 7.7, 9.0, 7.4
- 5.5, 7.7, 9.0, 7.4, 6.9

4 **Finde ganze Zahlen mit dem Durchschnitt 100.**

a Finde vier verschiedene Zahlen mit dem Durchschnitt 100. Schreibe zwei Möglichkeiten auf.

b Finde zwei Zahlen, die zusammen mit den Zahlen 112 und 135 den Durchschnitt 100 ergeben.

c Finde vier verschiedene Zahlen mit dem Durchschnitt 100. Drei der vier Zahlen müssen kleiner als 70 sein.

d Finde vier verschiedene Zahlen mit dem Durchschnitt 100. Die grösste der vier Zahlen soll so klein wie möglich sein.

5 Auf welcher Zahlenkarte (A bis D) haben die Zahlen den grössten Durchschnitt?
Auf welcher Zahlenkarte (A bis D) haben die Zahlen den kleinsten Durchschnitt?

a **A**   6, 9   b **A**   3, 4   c **A**   3, 4, 5, 6

   B   6, 6, 9   **B**   3, 4, 5   **B**   2, 4, 5, 7

   C   6, 9, 9   **C**   2, 3, 4, 5   **C**   2, 4, 6, 7

   D   6, 6, 9, 9   **D**   1, 2, 3, 4, 5   **D**   2, 4, 5, 6

---

6 Für einen Verkaufsstand haben Schülerinnen und Schüler Kekse gebacken.

Xenia   Vanessa   Simon   Fatma   Livio   Gian   Pierre

a Wer hat am meisten Kekse gebacken?
Wer hat am wenigsten Kekse gebacken?

b Wie viele Kekse haben die Schülerinnen und Schüler durchschnittlich gebacken?

c Wie viele Kekse haben die Mädchen insgesamt gebacken?
Wie viele Kekse haben die Knaben insgesamt gebacken?

d Wie viele Kekse haben die Mädchen durchschnittlich gebacken?
Wie viele Kekse haben die Knaben durchschnittlich gebacken?

---

7 Familie Laval hat Nüsse gesammelt: Der Vater 47 Nüsse, die Mutter 63 Nüsse,
die Tochter 55 Nüsse und der Sohn 79 Nüsse.

a Die Nüsse werden gleichmässig aufgeteilt. Wie können sie vorgehen?
Wie viele Nüsse bekommt jede Person?

b Auch die Grossmutter hat 71 Nüsse gesammelt.
Wie kann die Gruppe die Nüsse gleichmässig aufteilen?
Wie viele Nüsse bekommt jede Person?

c Der Sohn will nicht teilen. Er nimmt seine 79 Nüsse und geht. Der Vater, die Mutter,
die Tochter und die Grossmutter teilen die restlichen Nüsse gleichmässig auf.
Wie viele Nüsse bekommt jede Person?

8 Berechne den Durchschnitt.

a 24 min, 32 min, 28 min, 26 min

b 45.5 kg, 46.2 kg, 44.6 kg, 45.4 kg, 44.9 kg

c 12 m, 16.3 m, 87.65 m, 53.35 m

d 15.25 l, 16.5 l, 14.75 l, 15.5 l, 16.5 l, 17.5 l

9 Schätze und berechne den Durchschnitt der Geldbeträge.
Vergleiche deine Schätzungen mit den berechneten Durchschnitten.

a Franken: 3840 Fr., 4150 Fr., 3930 Fr., 4685 Fr., 4254 Fr.

b Euro: 5.23 €, 12.49 €, 11.08 €

c Dollar: 8.75 $, 6.17 $, 9.61 $, 7.31 $

d Pfund: 4.99 £, 10.63 £, 14.38 £

10 Die Zahl, die genau in der Mitte liegt, wenn verschiedene Zahlen
der Grösse nach geordnet sind, heisst Zentralwert.

▸ Ordne die Zahlen der Grösse nach.

▸ Bestimme den Zentralwert der Zahlen.　**8, 14, 10, 20, 5**

▸ Berechne den Durchschnitt der Zahlen.

▸ Vergleiche den Zentralwert und den Durchschnitt.
Welcher Wert ist grösser?

5, 8, (10) 14, 20

Zentralwert: 10

Durchschnitt: 11.4

Der Durchschnitt
ist grösser.

a 3, 8, 7

b 3, 32, 5, 12, 13

c 24, 51, 45, 38, 55

d 2, 3, 4, 6, 9, 1, 12, 10, 7

11 Berechne den Durchschnitt von aufeinanderfolgenden Zahlen.

a Wähle 5 aufeinanderfolgende zweistellige Zahlen. Berechne den Durchschnitt.

b Wähle 3, 7 und 9 aufeinanderfolgende Zahlen. Berechne jeweils den Durchschnitt.
Was stellst du fest?

c Wähle 4 aufeinanderfolgende zweistellige Zahlen. Berechne den Durchschnitt.

d Wähle 6, 8 und 10 aufeinanderfolgende Zahlen. Berechne jeweils den Durchschnitt.
Was stellst du fest?

12 Begründe, ob es sinnvoll ist, den Durchschnitt …

a des Gewichts der Schulrucksäcke der Schülerinnen und Schüler einer Klasse
zu berechnen.

b der Geburtstage von Schülerinnen und Schülern einer Klasse zu berechnen.

c der Autonummern der Einwohner in einer Gemeinde zu berechnen.

d des Trinkwasserverbrauchs der Haushalte in einer Gemeinde zu berechnen.

e des Alters der Schülerinnen und Schüler in einem Schulhaus zu berechnen.

f der Platzierungen einer Sportlerin in mehreren Wettkämpfen zu berechnen.

Zum Weiterdenken: S. 179, Aufgaben 16 bis 17

Sachaufgaben

DC-10 Serie 30

Länge	55.0 m
Spannweite	50.4 m
Erstflug	1972
Passagierzahl	250 bis 380
Leergewicht	120 740 kg
Max. Startgewicht	259 460 kg
Reisegeschwindigkeit	965 km in 1 h
Max. Reichweite	10 010 km

CV-880

Im Jahr 1959 startete zum ersten Mal eine CV-880. In einer Stunde kann sie eine Strecke von maximal 990 km zurücklegen. Je nach Bestuhlung haben 88 bis 110 Passagiere Platz. Die Länge der CV-880 beträgt 39.3 m, die Spannweite 36.6 m. Leer wiegt das Flugzeug 41 960 kg. Das maximale Startgewicht beträgt 83 690 kg. Die maximale Reichweite beträgt 6100 km.

1 Flugzeugtypen im Vergleich

a Erstelle eine Tabelle mit den Daten zur JU-52.

Länge	18.5 m

b Wie viele Jahre sind zwischen dem Erstflug der JU-52 und dem Erstflug der 767-400 ER vergangen?

c Wie schwer darf die Ladung (Passagiere, Gepäck und Treibstoff zusammen) in einer CV-880 beim Start maximal sein?

d Wie lange dauert ein Flug einer 767-400 ER von 510 km Länge mit Reisegeschwindigkeit?

e Wie weit fliegt eine CV-880 in einer Minute mit Reisegeschwindigkeit?

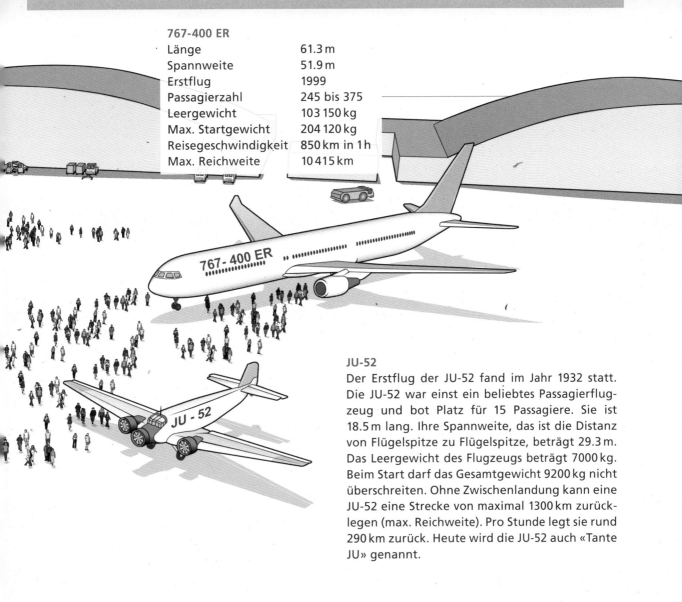

767-400 ER
Länge	61.3 m
Spannweite	51.9 m
Erstflug	1999
Passagierzahl	245 bis 375
Leergewicht	103 150 kg
Max. Startgewicht	204 120 kg
Reisegeschwindigkeit	850 km in 1 h
Max. Reichweite	10 415 km

JU-52
Der Erstflug der JU-52 fand im Jahr 1932 statt. Die JU-52 war einst ein beliebtes Passagierflugzeug und bot Platz für 15 Passagiere. Sie ist 18.5 m lang. Ihre Spannweite, das ist die Distanz von Flügelspitze zu Flügelspitze, beträgt 29.3 m. Das Leergewicht des Flugzeugs beträgt 7000 kg. Beim Start darf das Gesamtgewicht 9200 kg nicht überschreiten. Ohne Zwischenlandung kann eine JU-52 eine Strecke von maximal 1300 km zurücklegen (max. Reichweite). Pro Stunde legt sie rund 290 km zurück. Heute wird die JU-52 auch «Tante JU» genannt.

f) Erstelle ein Säulendiagramm für die Längen und die Spannweiten der vier Flugzeugtypen. Schreibe Vergleiche auf, die du aus dem Diagramm herauslesen kannst.

g Wie viele Zwischenlandungen müsste eine JU-52 auf einer Flugstrecke mindestens einplanen, wenn sie die maximale Reichweite einer DC-10 Serie 30 zurücklegen will?

h Wie oft müsste eine JU-52 von Zürich nach London fliegen, um die Passagiere zu befördern, die eine 767-400 ER in einem Flug maximal transportieren kann?

i Welche Distanz können eine JU-52 und eine DC-10 Serie 30 in einem 12-Minuten-Flug zurücklegen? Rechne mit der Reisegeschwindigkeit.
Welches Flugzeug kommt weiter? Berechne die Differenz der Distanzen.

j Schreibe zwei eigene Fragen auf, die du mithilfe der Angaben in den Texten und Tabellen beantworten kannst. Beantworte die Fragen.

2 Der A380 in Zahlen

Der A380 im Überblick

Im Jahr 2010 landete zum ersten Mal ein A380 am Flughafen Zürich. Seine Länge beträgt 72.7 m, seine Spannweite 79.8 m und seine Höhe 24.1 m. Viele Flugzeugfans erwarteten das neue Flugzeug bei der Landung.

In einem A380 haben rund 525 Personen Platz. Wenn die Sitze enger platziert werden, können bis zu 853 Personen transportiert werden.

Das Leergewicht des Flugzeugs beträgt 276 000 kg. Beim Start darf es maximal 560 000 kg wiegen, bei der Landung 386 000 kg. Der Tank kann maximal mit 320 000 l Treibstoff gefüllt werden.

Ein mit 525 Passagieren besetzter A380 braucht für 100 km etwa 3.4 l Treibstoff pro Passagier.

Das Langstreckenflugzeug kann ohne Halt bis zu 15 700 km weit fliegen. Die Geschwindigkeit beträgt bis zu 945 km pro h.

a Erstelle eine Tabelle mit den Daten zum Flugzeug.

b Schätze die Länge, die Breite und die Höhe deines Schulhauses. Vergleiche die Resultate mit der Länge, der Spannweite und der Höhe des Flugzeugs.

Länge	72.7 m

c Vor wie vielen Jahren landete das Flugzeug zum ersten Mal am Flughafen Zürich?

d Wie schwer darf die Ladung (Passagiere, Gepäck und Treibstoff zusammen) beim Start maximal sein?

e Wie lange dauert ein Flug von 6615 km Länge mit Reisegeschwindigkeit?

f Wie viele kg Treibstoff muss das Flugzeug während des Fluges mindestens verbrauchen, wenn es mit maximalem Startgewicht losfliegt?

g Wie viele l Treibstoff verbraucht das Flugzeug mit 525 Passagieren ungefähr ...
... für 100 km?
... für 15 000 km?

h Stelle eine eigene Frage zum Flugzeug, die du mithilfe der Angaben im Text beantworten kannst. Beantworte die Frage.

3 Rechne mit den Angaben im Text.

Reis wurde bereits vor rund 6500 Jahren in Asien angebaut. In Mitteleuropa wurde Reis ungefähr ab 1500 n. Chr. in grösseren Mengen angebaut. Im Jahr 2013 wurden weltweit rund 750 Millionen Tonnen Reis produziert, etwa $\frac{9}{10}$ davon in Asien.

Ungefähr $\frac{95}{100}$ der gesamten Reisproduktion wird von Menschen konsumiert. Der Rest dient als Tierfutter, zur Stärkegewinnung und der Forschung.

Die Reispflanzen wachsen am besten in heissem und feuchtem Klima. Während ungefähr 6 Monaten müssen die Felder der meisten Reissorten unter Wasser stehen. Für die Produktion von 1 kg Reis braucht es etwa 3000 l bis 5000 l Wasser. Eine Reispflanze hat bis zu 30 Halme. Diese werden je nach Sorte 50 cm bis 160 cm hoch. An jedem Halm wächst eine Rispe, die 80 bis 100 Reiskörner enthalten kann. Nach der Ernte werden die Reiskörner getrocknet, verpackt und verkauft.

Reis ist für die Hälfte der Weltbevölkerung das wichtigste Grundnahrungsmittel. Pro Person wurden im Jahr 2013 durchschnittlich 57 kg Reis konsumiert. In Asien gehört Reis zur täglichen Nahrung. Jährlich werden dort pro Person ungefähr 120 kg Reis konsumiert, in Lateinamerika und Afrika ungefähr 40 kg Reis. In Europa werden im Durchschnitt jährlich 10 kg Reis pro Person konsumiert: in Portugal sind es 15 kg pro Person, in Deutschland lediglich 3.3 kg und in der Schweiz ungefähr 6 kg.

a Wie viele Reiskörner trägt eine einzelne Reispflanze höchstens?

b Berechne den jährlichen Reiskonsum eines Haushalts mit 6 Personen in Asien, in Lateinamerika und in Europa.

c Wie viel Reis wird jährlich in Asien produziert?

d Wie viel Wasser braucht es mindestens für die Produktion des Reises, den eine Person in der Schweiz durchschnittlich in einem Jahr konsumiert?

e Schreibe eine eigene Frage auf, die du mithilfe der Angaben beantworten kannst. Beantworte die Frage.

Ansichten und Pläne

Gebäude werden oft aus verschiedenen Ansichten gezeichnet:

Seitenansichten

Aufsicht

| von vorne | von rechts | von hinten | von links | von oben |

---

1 **Seitenansichten und Aufsichten von Gebäuden aus Holzwürfeln**

Die beiden Gebäude A und B wurden nach dem Bauplan aus je 2 gelben, 2 roten und 2 blauen Würfeln gebaut.

Ordne die Seitenansichten und Aufsichten den Gebäuden A und B zu.

A

B

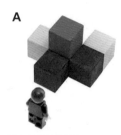 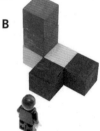

B von hinten

a

b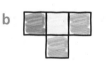

c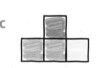

d

e

f

g

h

i

---

2 **Zeichne für das Gebäude aus sechs Holzwürfeln die vier Seitenansichten und die Aufsicht.**

3 **Standorte auf dem Schulhausareal**

Die Buchstaben A bis N bezeichnen verschiedene Standorte und Blickrichtungen.
Wo stand die Fotografin, als sie das Schulhaus fotografierte? Ordne dem Bild den
passenden Buchstaben zu.

a

b

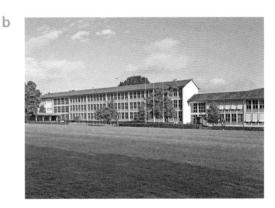

c

d

4 Stelle mit je sechs Quadern die Gebäude A und B auf.

A

B

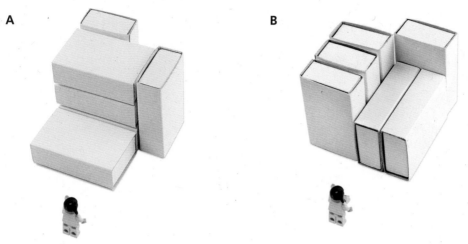

Ordne die Seitenansichten und Aufsichten den Gebäuden A und B zu.

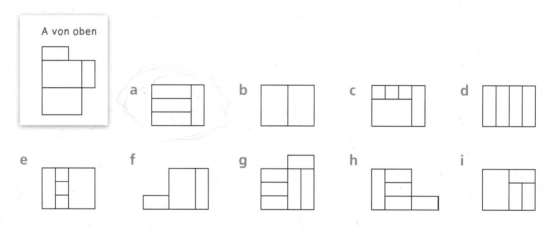

A von oben

a   b   c   d

e   f   g   h   i

---

5 Betrachte das Gebäude aus sechs Quadern.

Zeichne für das Gebäude die vier Seitenansichten und die Aufsicht.

6 Beide Bilder zeigen das gleiche Gebäude aus Holzwürfeln.
Zeichne einen Bauplan für das Gebäude.

a

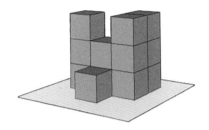 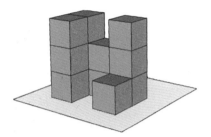

b

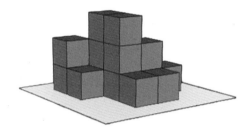 

7 Zeichne Seitenansichten.

a Zeichne anhand des Bauplans die vier Seitenansichten des Gebäudes.
Im Feld mit dem Stern ist der obere Würfel rot.

2	2	1	2*
3	1	1	1
3	1	1	3

b Zeichne einen eigenen Bauplan für ein Gebäude aus Holzwürfeln.
Einer der Würfel soll rot sein. Zeichne die vier Seitenansichten des Gebäudes.

Schätzen

Längen schätzen

> Ich schätze zuerst die Körpergrösse des Knaben auf ungefähr 1.5 m.
> Die Höhe der Tanne beträgt sicher mehr als 4-mal die Grösse des Knaben, aber sicher weniger als 6-mal seine Grösse. So kann ich abschätzen, in welchem Bereich die Höhe der Tanne liegt.
>
> Amélie

> Ich schätze zuerst die Körpergrösse des Knaben auf ungefähr 1.5 m.
> Da er direkt bei der Tanne steht, kann ich mithilfe seiner Grösse die Höhe der Tanne schätzen: Die Grösse des Knaben kann ich etwa 5-mal auf der Höhe der Tanne abtragen.
>
> Rafael

1 Schätze die Höhe der Tanne.

Vergleiche die Höhe der Tanne mit der Grösse des Knaben.

a Wie hoch ist die Tanne mindestens? Wie hoch ist die Tanne höchstens?

b Schätze die Höhe der Tanne.

2 Schätze Längen durch Vergleiche mit dir bekannten Grössen.

Notiere deine Überlegungen.

a Der Bleistift ist ungefähr 17 cm lang.
  ▪ Wie lang ist das Brot mindestens? Wie lang ist es höchstens? Bestimme mithilfe der Bleistiftlänge.
  ▪ Gib die ungefähre Länge des Brotes an.

b Der Rucksack ist ungefähr 40 cm hoch.
  ▪ Bestimme mithilfe der Rucksackhöhe einen Bereich, in dem die Höhe des Fahrrads liegt.
  ▪ Bestimme zusätzlich einen Bereich, in dem die Länge des Fahrrads liegt.
  ▪ Gib die ungefähre Höhe und die ungefähre Länge des Fahrrads an.

Anzahl schätzen

3 **Wie viele Reissnägel liegen ungefähr auf dem Papier?**

Notiere deine Überlegungen.

Ich zähle die Reissnägel in einem Feld und multipliziere diese Zahl mit 10.

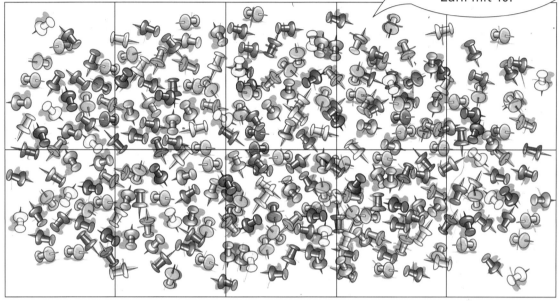

4 **Wie viele Personen sind ungefähr auf dem Bild?**

Notiere deine Überlegungen.

5 Schätze die gesuchte Länge, indem du sie mit dir bekannten Grössen vergleichst.
Bestimme einen Bereich, in dem die Länge liegt, oder gib die ungefähre Länge an.
Beschreibe dein Vorgehen.

a   die Höhe des Hauses

b   die Höhe und die Breite des Schrankes

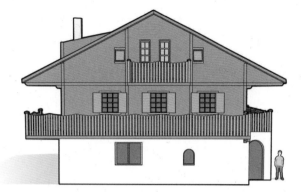

c   die Länge und die Breite des Tisches

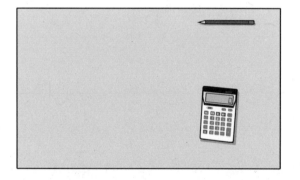

d   die Länge der Brücke

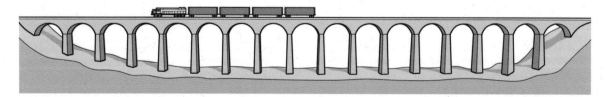

6 Schätze die Anzahl. Notiere deine Überlegungen.

a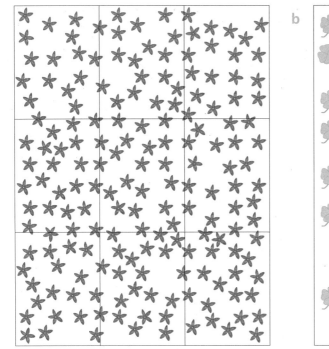

b

---

7 Stimmt die Aussage?
Schätze, indem du mit dir bekannten Grössen vergleichst. Beschreibe dein Vorgehen.

a «In einem Monat trinke ich mindestens 180 l.»

b «In einem Monat esse ich zwischen 1 kg und 10 kg Brot.»

c «Wenn ich die Grösse aller Schülerinnen und Schüler meiner Klasse addiere,
   erhalte ich mehr als die Höhe des Berner Münsters (100 m).»

d «Wenn sich alle Schülerinnen und Schüler meiner Klasse mit ausgestreckten Armen
   die Hände reichen, ist diese Menschenkette ungefähr so lang wie ein 25-m-Schwimm-
   becken.»

e «Wenn ich 4 min gemütlich wandere, lege ich mindestens 1 km zurück.»

f Notiere eigene Behauptungen. Überprüfe sie durch Schätzen.

Zum Weiterdenken: S. 181, Aufgaben 19 bis 20   **131**

Diagramme

Punktdiagramm

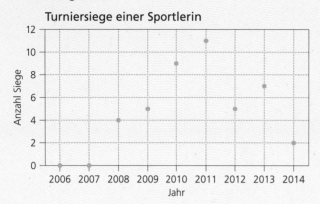

Liniendiagramm

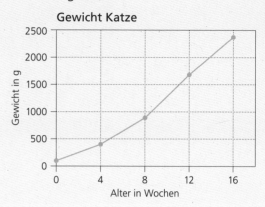

---

1 **Interpretiere das Punktdiagramm.**

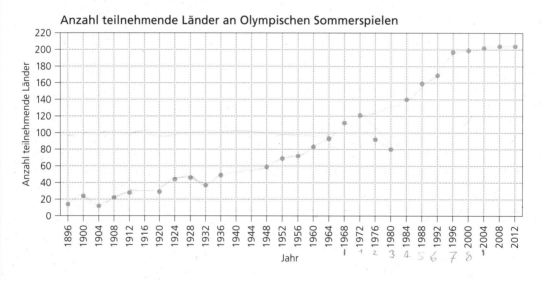

a Beschreibe, was im Punktdiagramm dargestellt wird.

b Wie viele Länder nahmen im Jahr 1964 an den Olympischen Sommerspielen teil?
Schätze die Anzahl der teilnehmenden Länder.

c Notiere, in welchem Jahr erstmals mehr als 100 Länder an den Olympischen
Sommerspielen teilnahmen.
Notiere, in welchem Jahr erstmals mehr als 200 Länder teilnahmen.
Wie viele Olympische Sommerspiele fanden dazwischen statt?

d Finde eine Erklärung, weshalb nicht immer alle vier Jahre ein Wert eingetragen ist.

e Formuliere drei Aussagen, die du aus dem Punktdiagramm herauslesen kannst.

2 **Interpretiere das Liniendiagramm.**

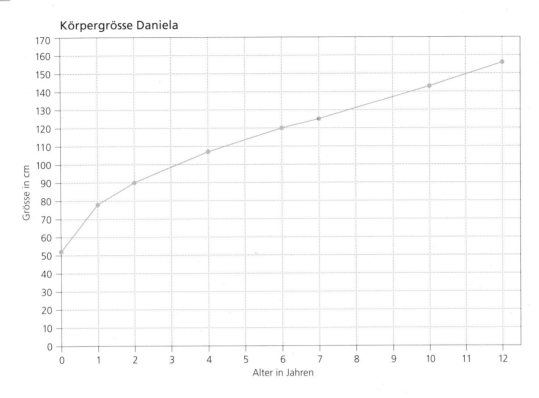

Körpergrösse Daniela

a   Beschreibe, was im Liniendiagramm dargestellt wird.

b   Wie gross war Daniela bei ihrer Geburt ungefähr?

c   Wie gross war Daniela mit 7 Jahren ungefähr?

d   Wozu dient die grüne Linie zwischen den Punkten?

e   Stell dir vor, wie gross Daniela mit 40 Jahren sein könnte.
    Skizziere, wie das Diagramm aussehen könnte.

3 **Erstelle ein Liniendiagramm und interpretiere es.**

Gewicht von Simon

Alter (Jahre)	Geburt	1	2	4	6	7	10	12
Gewicht in kg	3.5	10	12.5	16.5	21	24	33.5	45

a   Stelle die Gewichtsentwicklung von Simon in einem Liniendiagramm dar.

b   Wie schwer war Simon ungefähr, als er 3, 8, 9 Jahre alt war?
    Schätze sein Gewicht.

4 Stelle die Anzahl Sportarten bei den Olympischen Sommerspielen von 1948 bis 2012 in einem Punktdiagramm dar.

Jahr	1948	1952	1956	1960	1964	1968	1972	1976	1980	1984	1988	1992	1996	2000	2004	2008	2012
Anzahl Sportarten	20	19	18	19	21	20	23	23	23	26	27	29	31	34	34	34	32

5 Im Sportunterricht findet ein Wettrennen über 5 Runden statt. Pierre, Vanessa, Mario und Daniela starten gemeinsam.
Im Liniendiagramm sind die gemessenen Zeiten nach jeder Runde eingetragen.

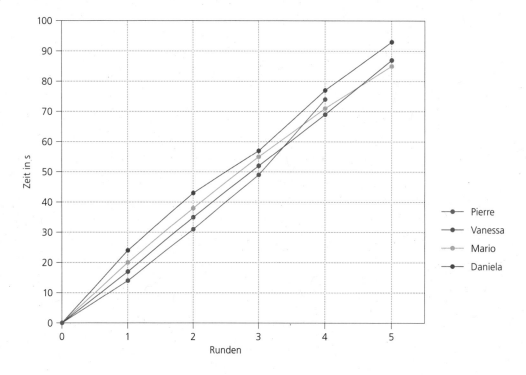

a Wer hat das Rennen vorzeitig aufgegeben?

b Erstelle eine Rangliste für den Zieleinlauf nach 5 Runden.

c Wer führt nach 4 Runden?

d Zu welcher Person passt der folgende Rennverlauf?
«Nach langsamem Start wird die Person in der zweiten Runde schneller.
Nach einem Zwischenspurt in der dritten Runde wird sie wieder langsamer.
Die letzte Runde ist dann jedoch wieder etwas schneller als die vorletzte Runde.»

e Beschreibe den Rennverlauf von Mario.

6 Der Schwimmverein «Delfin» wurde 1953 gegründet. Im Gründungsjahr hatte der Verein 50 Mitglieder.
Im Jahr 1963 waren es 120 Mitglieder, 189 Mitglieder 1973, 220 Mitglieder 1983, 172 Mitglieder 1993, 245 Mitglieder 2003 und 248 Mitglieder 2013.

a Erstelle ein Liniendiagramm.

b Beschreibe die Entwicklung der Mitgliederzahl. Was fällt dir auf?

c Warum ist es schwierig, Mitgliederzahlen für die Jahre dazwischen zu schätzen?

7 Die drei Liniendiagramme zeigen die Entwicklung der Schülerinnen- und Schülerzahlen der Primarschule im Kanton Zürich.

Vergleiche die Diagramme.

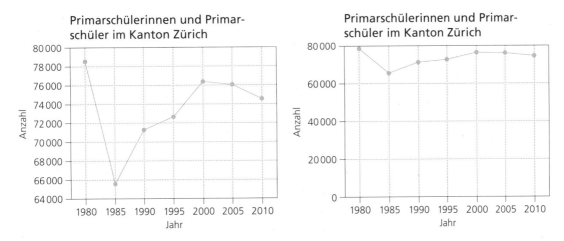

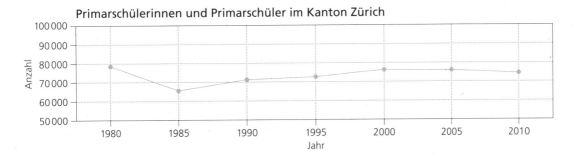

a Zeigen alle drei Liniendiagramme die gleichen Werte?

b Vergleiche den Verlauf der Linien in den drei Diagrammen.
Beschreibe Gemeinsamkeiten und Unterschiede.

Zum Weiterdenken: S. 182 und 183, Aufgabe 21

Zufall und Wahrscheinlichkeit

1   **Zufallsexperimente mit einem Spielwürfel**

a   Du benötigst einen Spielwürfel.
Würfle 1-mal. Notiere die gewürfelte Zahl.
Welche der Aussagen (A bis G) sind richtig?
Welche der Aussagen (A bis G) sind falsch?

Aussage A: «Der Würfel zeigt eine 2.»

Aussage B: «Der Würfel zeigt eine 6.»

Aussage C: «Der Würfel zeigt eine gerade Zahl.»

Aussage D: «Der Würfel zeigt eine ungerade Zahl.»

Aussage E: «Der Würfel zeigt eine 1, 2, 3, 4 oder 5.»

Aussage F: «Der Würfel zeigt eine 1, 2, 3, 4, 5 oder 6.»

Aussage G: «Der Würfel zeigt eine Zahl, die grösser als 6 ist.»

b   Stell dir vor, du würfelst 30-mal. Vermute, wie oft jede der Aussagen (A bis G) richtig wäre. Was erwartest du?
Ordne jeder Aussage (A bis G) diejenige Karte zu, die zu deiner Vermutung passt.

c   Würfle 30-mal. Protokolliere mit Strichen in einer Tabelle, wie oft jede Zahl aufgetreten ist.

Zahl 1	Zahl 2	Zahl 3	Zahl 4	Zahl 5	Zahl 6

Bestimme für jede der Aussagen (A bis G), wie oft sie richtig waren.

d   Vergleiche deine Vermutungen (Aufgabe b) mit den Ergebnissen in der Tabelle (Aufgabe c).
Bei welchen Aussagen stimmen deine Vermutungen und die Ergebnisse überein?

2 **Ziehe Spielfiguren.**

Du benötigst einen undurchsichtigen Beutel,
eine rote Spielfigur und zwei gelbe Spielfiguren.
Ziehe mehrmals, ohne zu schauen, eine Figur aus
dem Beutel. Welche Farbe hat sie?
Lege die Figur anschliessend wieder zurück.

a Stell dir vor, du ziehst 15-mal eine Spielfigur aus dem Beutel.
Wie oft würdest du eine gelbe Spielfigur ziehen? Wie oft eine rote Spielfigur?
Schreibe deine Vermutung auf.

b Ziehe 15-mal eine Spielfigur. Protokolliere mit Strichen in einer Tabelle,
wie oft jede Farbe gezogen wurde.

c Vergleiche deine Vermutung (Aufgabe a) mit den Ergebnissen in der Tabelle
(Aufgabe b).
Stimmen deine Vermutung und die Ergebnisse ungefähr überein?

d Stimmen die Aussagen (A bis C) mit den Ergebnissen in der Tabelle überein?

Aussage A: «Bei 15 Ziehungen werden 10 gelbe und 5 rote Spielfiguren gezogen.»

Aussage B: «Bei 15 Ziehungen werden mehr gelbe als rote Spielfiguren gezogen.»

Aussage C: «Bei 15 Ziehungen wird mindestens eine rote Spielfigur gezogen.»

e Welche der Aussagen (A bis C) stimmt bei 15 Ziehungen immer?
Begründe deine Antworten.

f Die Säulendiagramme stellen zwei Ergebnisse von 15 Ziehungen dar, die sehr selten
auftreten.

Ergebnis A   **Ergebnis B**

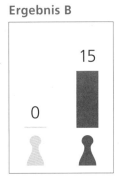

Beschreibe die Ergebnisse A und B.
Welches der beiden Ergebnisse tritt vermutlich eher auf? Begründe deine Antwort.

3 Leonie will Livio oder Sara besuchen. Der Zufall soll für sie entscheiden, wen sie besucht.

Auf ihrem Weg wirft sie an jeder Kreuzung einen Wendepunkt.
Liegt die blaue Seite oben, geht Leonie nach links. Liegt die rote Seite oben, geht Leonie nach rechts. So trifft sie am Ende des Weges schliesslich bei Livio oder Sara ein.

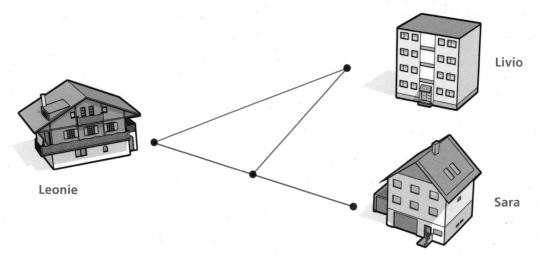

a Haben Livio und Sara die gleich grosse Chance, von Leonie besucht zu werden? Begründe deine Vermutung.

b Spiele den Weg 20-mal durch. Protokolliere die Ergebnisse mit Strichen in einer Tabelle.

c Wurden Livio und Sara ungefähr gleich oft besucht? Versuche, deine Ergebnisse zu erklären.

4 Kai wirft mit einem Spielwürfel 3-mal nacheinander eine 4. Xenia, Jan und Kai versuchen, den nächsten Wurf vorherzusagen. Wer hat Recht?

Die Chance, eine 4 zu würfeln, ist bei jedem Wurf gleich gross. Der Zufall hat kein Gedächtnis.

Xenia

Die Zahl 4 hat beim nächsten Wurf gute Chancen erneut gewürfelt zu werden, weil das bereits 3-mal geschehen ist.

Jan

Jede andere Zahl hat beim nächsten Wurf eine grössere Chance gewürfelt zu werden als die 4, da die Zahl 4 schon so oft gewürfelt worden ist.

Kai

5 Simon will Daniela, Rafael oder Amélie besuchen. Der Zufall soll für ihn entscheiden, wen er besucht.

Auf seinem Weg wirft er an jeder Kreuzung einen Wendepunkt.

Liegt die blaue Seite oben, geht Simon nach links. Liegt die rote Seite oben, geht Simon nach rechts. So trifft er am Ende des Weges schliesslich bei Daniela, Rafael oder Amélie ein.

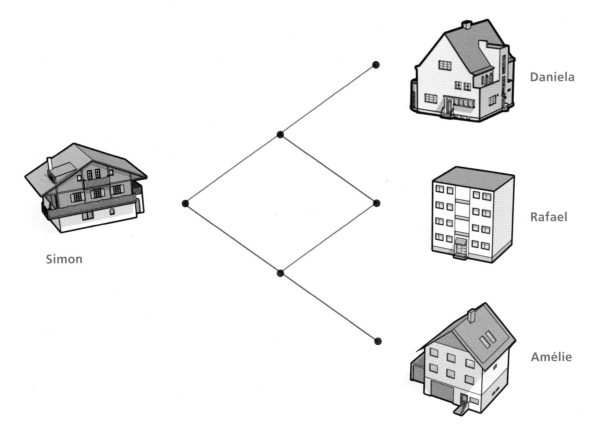

a Haben Daniela, Rafael und Amélie die gleich grosse Chance, von Simon besucht zu werden? Begründe deine Vermutung.

b Spiele den Weg 20-mal durch. Protokolliere die Ergebnisse mit Strichen in einer Tabelle.

c Wurden Daniela, Rafael und Amélie ungefähr gleich oft besucht? Versuche, deine Ergebnisse zu erklären.

d Simon verwendet statt eines Wendepunkts einen Spielwürfel. Bei der Zahl 1 geht er nach links (blaue Strecke). Bei den Zahlen 2 bis 6 geht er nach rechts (rote Strecke).
  ▪ Wer hat die grösste Chance, besucht zu werden? Wer hat die kleinste Chance, besucht zu werden? Begründe deine Vermutung.
  ▪ Spiele den Weg 20-mal durch. Protokolliere die Ergebnisse in einer Tabelle.
  ▪ Wer wurde am meisten besucht? Wer wurde am wenigsten besucht? Versuche, deine Ergebnisse zu erklären.

Zum Weiterdenken: S. 184, Aufgaben 22 bis 23

Symmetrie

Eine Figur ist achsensymmetrisch, wenn sie in zwei Teile zerlegt werden kann, die durch Spiegeln ineinander überführt werden können.

Eine Figur ist drehsymmetrisch, wenn sie in Teile zerlegt werden kann, die durch eine Drehung ineinander überführt werden können.

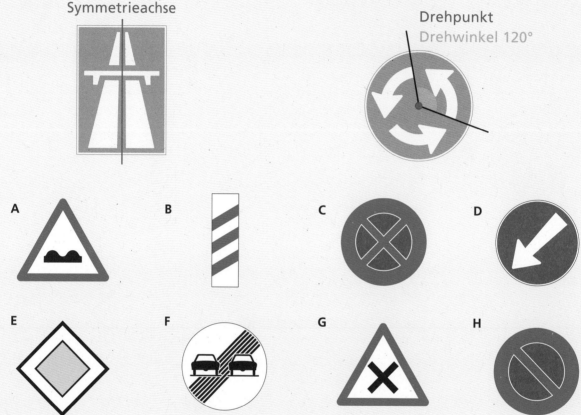

1. **Untersuche, ob die Verkehrsschilder achsensymmetrisch sind.**

   a   Welche Verkehrsschilder (A bis H) sind achsensymmetrisch?
   Kontrolliere mit einem Spiegel oder Halbspiegel.

   b   Welche Verkehrsschilder (A bis H) haben mehr als eine Symmetrieachse?

2. **Untersuche, ob die Verkehrsschilder drehsymmetrisch sind.**

   a   Welche Verkehrsschilder (A bis H) sind drehsymmetrisch?

   b   Gib bei jedem drehsymmetrischen Verkehrsschild an, um welchen Winkel du es
   mindestens drehen musst, bis es wieder genau gleich aussieht.

Ein Bandornament entsteht, wenn ein Grundmotiv mehrmals aneinandergereiht wird.

Das Grundmotiv kann verschoben, gespiegelt oder gedreht werden.

Verschieben

Spiegeln

Drehen um 180°

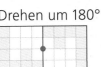

Drehen um 90°
im Uhrzeigersinn

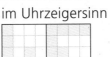

Drehen um 90°
im Gegenuhrzeigersinn

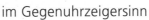

3 **Zeichne Bandornamente mit dem gleichen Grundmotiv.**

Übertrage das Grundmotiv des Bandornaments auf Häuschenpapier.

a   Zeichne das Bandornament durch Verschieben des Grundmotivs.
b   Zeichne das Bandornament durch Spiegeln des Grundmotivs.
c   Zeichne das Bandornament durch Drehen des Grundmotivs um 180°.
d   Zeichne das Bandornament durch Drehen des Grundmotivs um 90°
    im Gegenuhrzeigersinn.

4 **Zeichne Bandornamente durch Verschieben, Spiegeln oder Drehen.**

a   Wähle eines der Grundmotive (A bis C). Zeichne zwei Bandornamente durch
    Verschieben, Spiegeln oder Drehen.

A   B   C

b   Zeichne ein eigenes Grundmotiv in einem 4×4-Häuschenfeld.
    Zeichne damit ein Bandornament.

5 Untersuche, ob die Pentomino-Formen (A bis L) achsensymmetrisch oder drehsymmetrisch sind.

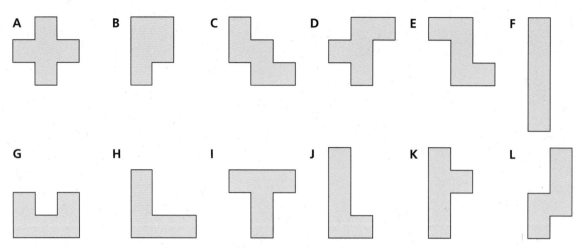

a Suche die achsensymmetrischen Pentomino-Formen. Zeichne sie ab.
Zeichne die Symmetrieachsen ein.

b Suche die drehsymmetrischen Pentomino-Formen. Zeichne sie ab.
Zeichne den Drehpunkt und den kleinsten möglichen Drehwinkel ein.

---

6 Untersuche, ob das Bild achsensymmetrisch oder drehsymmetrisch ist.
‣ Zeichne das Bild von Hand ab.
‣ Untersuche, ob das Bild achsensymmetrisch ist. Zeichne alle Symmetrieachsen ein.
‣ Untersuche, ob das Bild drehsymmetrisch ist. Zeichne den Drehpunkt und den kleinsten Drehwinkel ein.

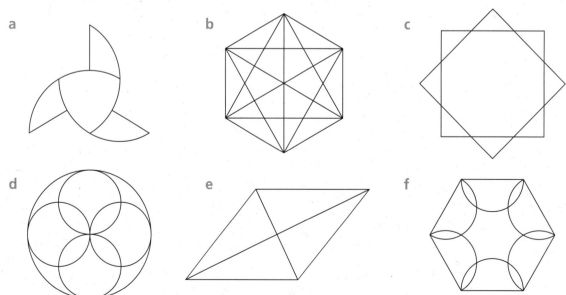

7 Zeichne durch Verschieben Ornamente mit Buchstaben.

A 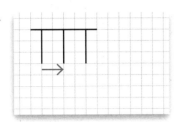 B 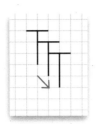 C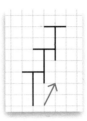

a ▸ Zeichne den Buchstaben F auf Häuschenpapier.
   ▸ Wähle aus den Abbildungen A bis C einen Pfeil aus, der vorgibt,
     in welche Richtung der Buchstabe F verschoben wird.
   ▸ Verschiebe den Buchstaben F mehrfach, so wie der Pfeil vorgibt.

b ▸ Zeichne den Buchstaben F auf Häuschenpapier.
   ▸ Zeichne einen eigenen Pfeil, der vorgibt, in welche Richtung verschoben wird.
   ▸ Verschiebe den Buchstaben F mehrfach, so wie dein Pfeil vorgibt.

c ▸ Wähle einen eigenen Buchstaben. Zeichne ihn auf Häuschenpapier.
   ▸ Zeichne einen eigenen Pfeil, der vorgibt, in welche Richtung verschoben wird.
   ▸ Verschiebe den Buchstaben mehrfach, so wie dein Pfeil vorgibt.

8 Beschreibe die Regel, nach der das Bandornament gebildet ist.

a

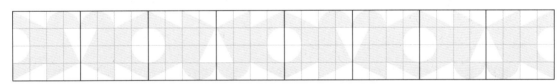

b

c

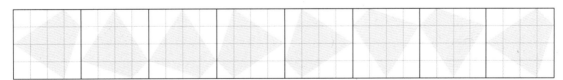

d Zeichne ein eigenes Bandornament. Beschreibe die Regel, nach der das Bandornament
   gebildet ist.

Regeln und Strategien

1 **Untersuche Farbanteile in Quadratbildern.**

a   Bei welchen Quadraten (A bis D) ist der Anteil der beiden Farben gleich gross?

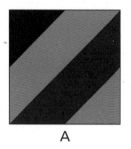 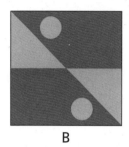 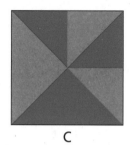 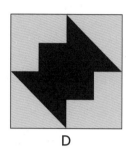

| A | B | C | D |

b   Bei welchen Quadraten (E bis H) ist der Anteil der vier Farben gleich gross?

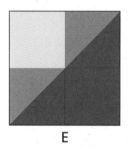 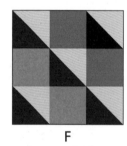 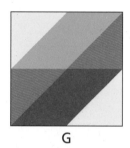 

| E | F | G | H |

c   Bei welchen Quadraten (I bis L) ist der Anteil der drei Farben gleich gross?

  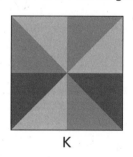 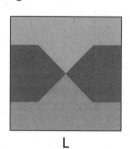

| I | J | K | L |

d   Erfinde ein eigenes Quadratbild, bei dem der Anteil jeder Farbe gleich gross ist.

Rechenquadrate

Die rote Zahl ist die Summe der vier blauen Zahlen.
Jede blaue Zahl ist die Summe der beiden angrenzenden
grünen Zahlen.

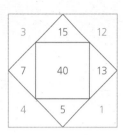

2 **Zeichne ein Rechenquadrat mit den vorgegebenen Zahlen.
Ergänze die fehlenden Zahlen.**

a
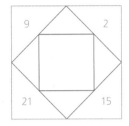

b
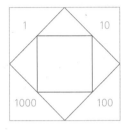

c
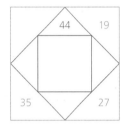

d
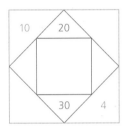

e
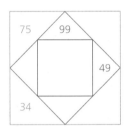

f
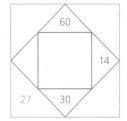

3 **Zeichne ein Rechenquadrat mit den vorgegebenen Zahlen.**

a   15, 16, 17, 18, 31, 33, 33, 35, 132

b   8, 9, 9, 10, 17, 17, 19, 19, 72

c   8, 9, 9, 10, 17, 18, 18, 19, 72

d   100, 200, 300, 300, 500, 500, 600, 800, 2200

4 **Finde drei verschiedene Rechenquadrate mit der Zahl
100 in der Mitte.**

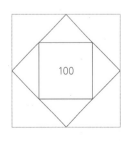

5 Eine Schmuckkette besteht aus roten und blauen Perlen.
Du kannst jeweils am linken oder am rechten Ende Perlen entfernen.

a Du nimmst insgesamt vier Perlen weg. Wie kannst du die Perlen entfernen, dass du 2 rote und 2 blaue Perlen hast? Notiere dein Vorgehen.

b Du nimmst insgesamt sechs Perlen weg. Wie viele blaue Perlen und wie viele rote Perlen kannst du entfernen? Notiere alle Möglichkeiten.

6 Eine Schmuckkette besteht aus roten und blauen Perlen.
Du kannst jeweils am linken oder am rechten Ende Perlen entfernen.

a Du möchtest insgesamt fünf blaue Perlen von der Kette entfernen. Wie viele rote Perlen musst du dazu mindestens von der Kette wegnehmen?

b Du kannst die Kette an einer Stelle zerschneiden und die Perlen jetzt von den vier Enden entfernen.
An welcher Stelle zerschneidest du die Kette, um für die fünf blauen Perlen möglichst wenig rote Perlen wegnehmen zu müssen?
Wie viele rote Perlen musst du wegnehmen?

7 Skizziere eine Schmuckkette aus roten und blauen Perlen, die folgende zwei Eigenschaften hat:
- Die Kette besteht aus 5 blauen und 7 roten Perlen.
- Um 3 blaue Perlen wegnehmen zu können, müssen 3 rote Perlen (oder mehr) entfernt werden.

8 Auf einem Tauschmarkt werden Schweine, Rinder, Ochsen und Pferde angeboten. In der Abbildung siehst du den Wert der verschiedenen Tiere im Vergleich.

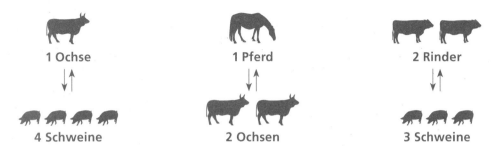

a Wie viele Schweine sind gleich viel wert wie 3 Ochsen?
Wie viele Ochsen sind gleich viel wert wie 5 Pferde?
Wie viele Rinder sind gleich viel wert wie 9 Schweine?

b Wie viele Schweine sind gleich viel wert wie 4 Pferde?
Wie viele Pferde sind gleich viel wert wie 16 Rinder?

c Wie viele Pferde und Schweine sind gleich viel wert wie 8 Ochsen?
Finde alle möglichen Lösungen.

d Was ist mehr wert: 7 Rinder oder 3 Ochsen?

9 Auf einem Tauschmarkt werden Äpfel, Butter, Eier und Schuhe angeboten. In der Abbildung siehst du den Wert der verschiedenen Produkte im Vergleich.

a Wie viele Äpfel sind gleich viel wert wie 6 Pfund Butter?
Wie viele Eier sind gleich viel wert wie 800 Äpfel?
Wie viele Paar Schuhe sind gleich viel wert wie 600 Eier?

b Wie viele Eier sind gleich viel wert wie 6 Pfund Butter?
Wie viele Äpfel sind gleich viel wert wie 3 Paar Schuhe?

c Wie viele Eier und wie viel Butter sind gleich viel wert wie 600 Äpfel?
Finde vier mögliche Lösungen.

d Was ist mehr wert: 18 Pfund Butter oder 6 Paar Schuhe?

Zum Weiterdenken: S. 185, Aufgaben 24 bis 25

Zum Weiterdenken

Zum Nachschlagen

Brüche

 Wähle einen Bruch.

a Beschreibe eine Situation, in der dein Bruch vorkommt.

b Zeichne ein Bild, das zu deinem Bruch passt.

 Was bedeutet der Bruch $\frac{2}{3}$? Wer hat Recht? Begründe deine Antwort.

> Ich nehme einen Kuchen und teile ihn in drei gleich grosse Teile. $\frac{2}{3}$ bedeutet, dass ich zwei dieser drei Teile nehme.
>
> Fatma

> Wenn ich zwei Kuchen nehme und drei Personen gleich viel von jedem Kuchen gebe, so erhält jede Person $\frac{2}{3}$.
>
> Mario

Bruchmodelle

 Welchen Brüchen entsprechen die eingefärbten Teile der Quadrate? Notiere die Brüche.

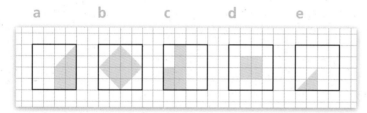

  a   b   c   d   e

 Stimmt die Aussage? Begründe deine Antwort.

«Ein Ganzes kann aus lauter verschiedenen Stammbrüchen (Brüche mit dem Zähler 1) zusammengesetzt werden.»

 Das Bild zeigt den Bruchteil einer Figur. Zeichne den Bruchteil auf Häuschenpapier. Suche zwei verschiedene Möglichkeiten, wie die ganze Figur aussehen könnte.

a   b   c

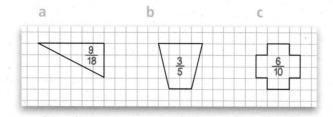

Anteile

 Bei einem Glücksspiel gibt es Gewinnlose und Nieten.

a Eine Schachtel enthält 21 Lose. $\frac{2}{3}$ der Lose sind Nieten.
   Wie viele Gewinnlose sind in der Schachtel?

b Eine Schachtel enthält 200 Lose. $\frac{3}{4}$ der Lose sind Nieten.
   Wie viele Gewinnlose sind in der Schachtel?

c Eine Schachtel enthält 15 Lose. 3 Lose sind Gewinnlose.
   Bestimme den Anteil der Gewinnlose als Bruch.

d Eine Schachtel enthält 120 Lose. 20 Lose sind Gewinnlose.
   Bestimme den Anteil der Gewinnlose als Bruch.

e Eine Schachtel enthält Lose. $\frac{1}{7}$ der Lose sind Gewinnlose. 84 Lose sind Nieten.
   Wie viele Lose sind insgesamt in der Schachtel?

f Eine Schachtel enthält Lose. $\frac{3}{5}$ der Lose sind Nieten. 32 Lose sind Gewinnlose.
   Wie viele Lose sind insgesamt in der Schachtel?

 Stelle die Situation dar und bestimme den Anteil.

a $\frac{1}{20}$ von 10

b $\frac{1}{20}$ von 5

c $\frac{1}{4}$ von 2

d $\frac{1}{4}$ von 3

e $\frac{1}{5}$ von 2

f $\frac{3}{5}$ von 2

 Bestimme Anteile.

a Wie viel ist ein Drittel von einem Viertel von 36?

b Wie viel ist die Hälfte von einem Viertel von einem Drittel von 24?

c Erfinde ein eigenes Zahlenrätsel und löse es.

Dezimalzahlen

 Schreibe die Zahl mit Ziffern und Dezimalpunkt.

a 1 Zehntel, 26 Hundertstel und 4 Tausendstel

b 3 Zehntel, 20 Hundertstel und 9 Tausendstel

c 13 Zehntel, 13 Hundertstel und 13 Tausendstel

d 20 Einer, 5 Zehner und 7 Zehntel

e 350 Hundertstel

f 4020 Zehntel

g 10 Hundertstel, 10 Tausender, 10 Hunderter und 10 Tausendstel

h 50 Tausender, 50 Zehntel, 50 Zehner und 50 Einer

i 700 Tausendstel und 700 Hundertstel

 Zerlege Dezimalzahlen.

a Zerlege 0.2 in gleich grosse Summanden. Finde mindestens drei Möglichkeiten.

b Zerlege 0.1 in gleich grosse Summanden. Finde mindestens drei Möglichkeiten.

c Wähle eine andere Dezimalzahl. Zerlege sie in gleich grosse Summanden.

Stellenwert

Rechne aus.

a $0.836 + \frac{1}{10}$

   $0.836 + \frac{3}{100}$

   $0.836 + \frac{4}{1000}$

b $0.79 + \frac{3}{10}$

   $0.79 + \frac{6}{100}$

   $0.79 + \frac{7}{1000}$

c $0.355 - \frac{1}{10}$

   $0.355 - \frac{3}{10}$

   $0.355 - \frac{10}{100}$

Stellenwerttafel: von Tausender bis Millionstel

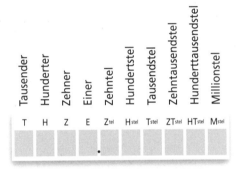

a Schreibe als Dezimalzahl.
- 4 Zehntausendstel
- 15 Hunderttausendstel
- 9 Millionstel

b Schreibe als Bruch.
- 0.000004
- 0.0003
- 0.000019

c Rechne aus. Schreibe das Resultat als Dezimalzahl.
- 0.004 + 0.00024
- 0.00004 + 0.000024
- 0.0004 + 0.0024

d Rechne aus. Schreibe das Resultat als Dezimalzahl.
- 100 · 0.0001
- 1000 · 0.0004
- 100 000 · 0.00005

e Rechne aus. Schreibe das Resultat als Dezimalzahl.
- 1 : 10 000
- 0.6 : 1000
- 0.04 : 100

Dezimalzahlen ordnen

 Eine Startzahl und eine Zielzahl sind vorgegeben. Finde die Zahlenfolge, die mit der vorgegebenen Anzahl gleich grosser Schritte von der Startzahl zur Zielzahl führt.

Startzahl 9.1, Zielzahl 10.1, 4 Schritte

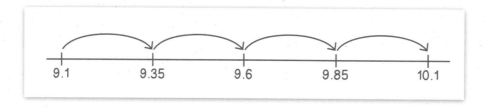

a Startzahl 0, Zielzahl 0.12, 4 Schritte

b Startzahl 10, Zielzahl 10.888, 4 Schritte

c Startzahl 14.1, Zielzahl 15.08, 7 Schritte

d Startzahl 0.45, Zielzahl 0.625, 7 Schritte

e Wähle eigene Startzahlen und Zielzahlen und lege eine Anzahl Schritte fest.

 Führt die Zahlenfolge genau zur Zahl 1? Schreibe deine Vermutung auf und überprüfe sie.

a 0.006, 0.012, 0.018, 0.024, …

b 0.23, 0.26, 0.29, 0.32, …

c 0.14, 0.21, 0.28, 0.35, …

d 0.25, 0.325, 0.4, 0.475, …

e Finde Zahlenfolgen, die genau zur Zahl 1 führen.

Brüche ordnen

Finde Brüche.

a Notiere einen Bruch, der zwischen $\frac{1}{2}$ und $\frac{2}{3}$ liegt.

b Notiere einen Bruch, der zwischen $\frac{1}{8}$ und $\frac{1}{5}$ liegt.

c Notiere einen Bruch, der zwischen $\frac{1}{4}$ und $\frac{1}{3}$ liegt.

d ▸ Notiere einen Bruch, der zwischen 0 und 1 liegt.
   ▸ Notiere einen weiteren Bruch, der zwischen diesem Bruch und 1 liegt.
   ▸ Suche noch weitere Male nach Zahlen, die zwischen dem zuletzt notierten Bruch und 1 liegen.

e ▸ Notiere einen Bruch, der grösser als $\frac{1}{3}$ ist.
   ▸ Notiere einen weiteren Bruch, der zwischen $\frac{1}{3}$ und dem zuerst gewählten Bruch liegt.
   ▸ Suche noch weitere Male nach Zahlen, die zwischen $\frac{1}{3}$ und dem zuletzt notierten Bruch liegen.

Ordne die Brüche der Grösse nach. Beginne mit dem kleinsten Bruch.

a $\frac{1}{5}$, $\frac{2}{5}$, $\frac{3}{5}$, $\frac{4}{5}$, $\frac{1}{8}$, $\frac{2}{8}$, $\frac{3}{8}$, $\frac{4}{8}$, $\frac{5}{8}$, $\frac{6}{8}$, $\frac{7}{8}$

b $\frac{1}{3}$, $\frac{2}{3}$, $\frac{1}{7}$, $\frac{2}{7}$, $\frac{3}{7}$, $\frac{4}{7}$, $\frac{5}{7}$, $\frac{6}{7}$, $\frac{1}{9}$, $\frac{2}{9}$, $\frac{3}{9}$, $\frac{4}{9}$, $\frac{5}{9}$, $\frac{6}{9}$, $\frac{7}{9}$, $\frac{8}{9}$

c $\frac{1}{3}$, $\frac{2}{3}$, $\frac{1}{5}$, $\frac{2}{5}$, $\frac{3}{5}$, $\frac{4}{5}$, $\frac{1}{6}$, $\frac{2}{6}$, $\frac{3}{6}$, $\frac{4}{6}$, $\frac{5}{6}$

Brüche und Rechnungen

 Vier Personen teilen sich ihr Picknick. Alle bekommen gleich viel. Was erhält jede Person?

Pierre: 7 Brötchen und 2 Cervelats
Vanessa: 1 Cervelat und 6 Stück Getreideriegel
Livio: 5 Äpfel und 2 Tafeln Schokolade
Sara: 2 l Tee und 10 Stück Traubenzucker

 Setze die Zahlenfolge um drei Zahlen fort. Schreibe die Zahlen falls nötig als Bruch.

343, 49, 7, …

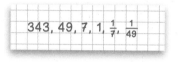

$343, 49, 7, 1, \frac{1}{7}, \frac{1}{49}$

a 27, 9, 3, …
   54, 18, 6, …

b 125, 25, 5, …
   375, 75, 15, …

c 12, 6, 3, …
   20, 10, 5, …

d 128, 32, 8, …
   96, 24, 6, …

Runden

 Rechne auf zwei Arten.

- Rechne zuerst mit den genauen Zahlen. Runde das Resultat anschliessend auf Hunderter.
- Runde zuerst die Zahlen auf Hunderter. Rechne anschliessend mit den gerundeten Zahlen.

Vergleiche die Resultate. Was stellst du fest?
Versuche zu erklären, weshalb der Unterschied zwischen den beiden Resultaten manchmal gross und manchmal klein ist.

a 350 + 349
   349 + 349
   350 + 350

b 350 · 349
   349 · 349
   350 · 350

Zahlen untersuchen

 Jan und Leonie sammeln Gartenzwerge.

a Wenn Jan seine Gartenzwerge in 5er-Reihen aufstellt, bleiben 3 Gartenzwerge übrig. Leonie hat doppelt so viele Gartenzwerge wie Jan. Wie viele Gartenzwerge bleiben übrig, wenn Leonie ihre Gartenzwerge in 5er-Reihen aufstellt?

b Jan kauft noch mehr Gartenzwerge. Wenn er seine Gartenzwerge in 2er-, in 3er-, in 4er-, in 5er- oder in 6er-Reihen aufstellt, bleibt immer ein Gartenzwerg übrig. Wie viele Gartenzwerge besitzt er mindestens?

 Finde mindestens zwei Zahlen, die durch 2, 3, 4, 5, 6, 8, 9 und 10 teilbar sind.

 Löse die Zahlenrätsel.

a

> Meine zwei Zahlen liegen zwischen 140 und 170.
> Sie sind durch 3, 6 und 9 teilbar.

b

> Meine zwei Zahlen sind dreistellig.
> Sie sind durch 2, 4, 5, 8 und 10 teilbar und grösser als 900.

c

> Meine zwei Zahlen liegen zwischen 5000 und 5500. Sie sind durch 2, 3, 4, 5, 6, 8 und 9 teilbar.

d Erfinde ein eigenes Zahlenrätsel und löse es.

W 23 Stimmt die Aussage?

Überprüfe die Aussage an Beispielen. Versuche, die Aussage zu begründen, oder widerlege sie mit einem Gegenbeispiel.

a «Jede zweite Zahl der Siebnerreihe ist durch 2 teilbar.»

b «Jede dritte Zahl der Sechserreihe ist durch 9 teilbar.»

c «Die Summe von vier aufeinanderfolgenden ungeraden Zahlen ist durch 8 teilbar.»

Beispiele: $1 + 3 + 5 + 7 = 16$ 16 ist durch 8 teilbar.

              $13 + 15 + 17 + 19 = 64$ 64 ist durch 8 teilbar.

Addieren und Subtrahieren

 Kryptogramme

Ersetze die Buchstaben durch Ziffern, sodass eine korrekte Gleichung entsteht.
Gleiche Buchstaben müssen durch gleiche Ziffern ersetzt werden.
Verschiedene Buchstaben müssen durch verschiedene Ziffern ersetzt werden.

Finde für jede Gleichung mehrere Lösungen.

ZWEI + ZWEI = VIER

$$3602 + 3602 = 7204$$
$$1795 + 1795 = 3590$$
$$2897 + 2897 = 5794$$

a   EINS + EINS = ZWEI   b   VIER + VIER = ACHT   c   NEUN + EINS = ZEHN

d   FUENF – EINS = VIER   e   NEUN – EINS = ACHT

Multiplizieren

 Rechne aus.
Finde mindestens zwei weitere Multiplikationen, die zu den Rechnungen passen.

a   111 ·   111   b   9 ·   37 037   c   325 · 2772
     1111 ·   1111   15 ·   37 037   975 · 924
    11 111 · 11 111   12 · 74 074   462 · 1950
  111 111 · 111 111   3 · 148 148   390 · 2310

Dividieren

W 3 Experimentiere mit drei Ziffern.

a ‣ Notiere alle sechs dreistelligen Zahlen, die sich aus den Ziffern 5, 7 und 8 bilden lassen. Die Quersumme beträgt bei allen sechs Zahlen 20.
‣ Addiere die sechs Zahlen.
‣ Dividiere das Resultat durch die Quersumme der Zahlen. Welche Zahl erhältst du?

b ‣ Wähle aus 1, 2, 3, 4, 5, 6, 7, 8, 9 drei verschiedene Ziffern aus.
‣ Notiere alle sechs dreistelligen Zahlen, die sich aus den drei gewählten Ziffern bilden lassen. Berechne die Quersumme.
‣ Addiere die sechs Zahlen.
‣ Dividiere das Resultat durch die Quersumme der Zahlen. Welche Zahl erhältst du?

c ‣ Wähle aus 1, 2, 3, 4, 5, 6, 7, 8, 9 drei andere Ziffern aus.
‣ Notiere alle sechs dreistelligen Zahlen, die sich aus den drei gewählten Ziffern bilden lassen. Berechne die Quersumme.
‣ Addiere die sechs Zahlen.
‣ Dividiere das Resultat durch die Quersumme der Zahlen. Welche Zahl erhältst du?

d Was stellst du fest?
Versuche, deine Beobachtungen zu erklären.

W 4 Zerlege Zahlen in ganzzahlige Faktoren, die grösser als 1 sind.

Beispiele: $35 = 5 \cdot 7$

$72 = 8 \cdot 9 = 6 \cdot 12 = 2 \cdot 4 \cdot 3 \cdot 3 = \ldots$

$255 = 3 \cdot 85 = 15 \cdot 17 = 3 \cdot 5 \cdot 17 = \ldots$

Notiere möglichst viele verschiedene Multiplikationen …

a mit dem Resultat 48.   **b** mit dem Resultat 81.

c mit dem Resultat 1001.   **d** mit dem Resultat 3575.

Flexibel rechnen

 Das sind die ersten 80 Primzahlen.

2	3	5	7	11	13	17	19	23	29
31	37	41	43	47	53	59	61	67	71
73	79	83	89	97	101	103	107	109	113
127	131	137	139	149	151	157	163	167	173
179	181	191	193	197	199	211	223	227	229
233	239	241	251	257	263	269	271	277	281
283	293	307	311	313	317	331	337	347	349
353	359	367	373	379	383	389	397	401	409

Eine Primzahl kann durch genau zwei Zahlen geteilt werden: durch 1 und durch sich selbst. Es gibt unendlich viele Primzahlen.

a   Die goldbachsche Vermutung

Im Jahr 1742 stellte der deutsche Mathematiker Christian Goldbach die Vermutung auf, dass jede gerade Zahl ab 4 als Summe von zwei Primzahlen geschrieben werden kann.

Beispiele: $4 = 2 + 2$

$8 = 5 + 3$

$18 = 7 + 11 = 5 + 13$

Goldbach konnte die aufgestellte Vermutung nicht beweisen. Bis heute ist unklar, ob seine Vermutung stimmt.

- Schreibe die Zahlen 20, 22, 24, 26, 28 und 30 als Summe von zwei Primzahlen.
- Schreibe die Zahlen 100 und 200 als Summe von zwei Primzahlen.
  Finde alle Zerlegungen.
- Wähle gerade Zahlen zwischen 100 und 400. Schreibe sie als Summe von zwei Primzahlen.

b Die schwache goldbachsche Vermutung

Falls die goldbachsche Vermutung richtig ist, stimmt auch die schwache goldbachsche Vermutung: Diese besagt, dass jede ungerade Zahl ab 7 als Summe von drei Primzahlen geschrieben werden kann.

Beispiele:
$$7 = 2 + 2 + 3$$
$$15 = 5 + 5 + 5 = 7 + 5 + 3 = 11 + 2 + 2$$

- Schreibe die Zahlen 31, 33, 35, 37 und 39 als Summe von drei Primzahlen.
- Schreibe die Zahlen 25 und 45 als Summe von drei Primzahlen.
  Finde alle Zerlegungen.
- Schreibe die Zahlen 133, 313 und 331 als Summe von drei Primzahlen.
  Finde je mindestens drei Zerlegungen.

Rechnen mit Dezimalzahlen

 In der Rechenmaschine werden die eingegebenen Zahlen Schritt für Schritt verarbeitet.

Eingabe   Ausgabe

$\xrightarrow{+ 55.5}$ $\xrightarrow{: 5}$ $\xrightarrow{- 5.5}$

a   Bestimme für die Eingabezahlen 100, 35.5 und 7 die Ausgabezahlen.

b   Welche Zahlen musst du eingeben, damit die Ausgabezahlen 10, 50 und 25.5 herauskommen?

 In der Rechenmaschine werden die eingegebenen Zahlen Schritt für Schritt verarbeitet.

Eingabe   Ausgabe

$\xrightarrow{+ 0.2}$ $\xrightarrow{\cdot 8}$ $\xrightarrow{- 0.02}$ $\xrightarrow{: 2}$

a   Wähle als Eingabezahl 0.04. Verändere die Reihenfolge der vier Rechenschritte

$\xrightarrow{+ 0.2}$, $\xrightarrow{\cdot 8}$, $\xrightarrow{- 0.02}$, $\xrightarrow{: 2}$ so, dass die Ausgabezahl möglichst gross ist.

b   Wähle als Eingabezahl 0.04. Verändere die Reihenfolge der vier Rechenschritte

$\xrightarrow{+ 0.2}$, $\xrightarrow{\cdot 8}$, $\xrightarrow{- 0.02}$, $\xrightarrow{: 2}$ so, dass die Ausgabezahl möglichst klein ist.

c   Wähle als Eingabezahl 0.04. Verändere die Reihenfolge der vier Rechenschritte

$\xrightarrow{+ 0.2}$, $\xrightarrow{\cdot 8}$, $\xrightarrow{- 0.02}$, $\xrightarrow{: 2}$ so, dass die Ausgabezahl 0.8 ist.

d   Wähle als Eingabezahl 0.04. Verändere die Reihenfolge der vier Rechenschritte

$\xrightarrow{+ 0.2}$, $\xrightarrow{\cdot 8}$, $\xrightarrow{- 0.02}$, $\xrightarrow{: 2}$ so, dass die Ausgabezahl möglichst nahe bei 1 liegt.

Terme und Gleichungen

W8 Bilde Terme, die aus 5-mal der Zahl 2 bestehen.
Du darfst die Operationszeichen $+$, $-$, $\cdot$, $:$ verwenden und Klammern setzen.
Versuche, für jeden Wert von 0 bis 10 einen Term zu bilden.

$$2 \quad 2 \quad 2 \quad 2 \quad 2$$
$$((2 \cdot 2 \cdot 2) - 2) : 2 = \underline{\underline{3}}$$

W9 Bilde Terme, die aus den fünf Zahlen 5, 4, 3, 2 und 1 bestehen.
Du darfst die Operationszeichen $+$, $-$, $\cdot$, $:$ verwenden und Klammern setzen.
Die Reihenfolge der Zahlen 5, 4, 3, 2 und 1 darf nicht verändert werden.
Versuche, für jeden Wert von 0 bis 20 einen Term zu bilden.

$$5 \quad 4 \quad 3 \quad 2 \quad 1$$
$$5 + (4 \cdot 3) + (2 - 1) = \underline{\underline{18}}$$

Raster und Koordinaten

 Zeichne Quadrate in Koordinatensystemen.

▸ Zeichne ein Koordinatensystem auf Häuschenpapier und beschrifte die Achsen
  mit den Zahlen von 1 bis 15.
▸ Trage die Punkte A und C im Koordinatensystem ein.
▸ Bestimme die Punkte B und D so, dass die vier Punkte A, B, C, D ein Quadrat
  mit der Diagonalen AC bilden.
▸ Notiere die Koordinaten der Punkte B und D.

a A (6/10), C (14/10)

b A (3/5), C (15/11)

c A (5/13), C (7/3)

 Bestimme die Länge und die Breite eines Rechtecks …

a mit der Fläche 200 cm² und dem Umfang 66 cm.

b mit der Fläche 210 cm² und dem Umfang 58 cm.

c mit der Fläche 384 cm² und dem Umfang 88 cm.

Linien

Zeichne «in einem Zug».

a Das sind Figuren, die «in einem Zug» gezeichnet werden können.
«In einem Zug» heisst, ohne den Stift abzusetzen und ohne ein Linienstück zweimal
zu durchlaufen. Zeichne die Formen «in einem Zug» ab.

   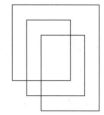

b Versuche, die Figuren A bis H «in einem Zug» abzuzeichnen.
- Welche Figuren lassen sich nicht «in einem Zug» zeichnen?
- Bei welchen Figuren sind beliebige Punkte als Startpunkte möglich?
- Bei welchen Figuren sind nur bestimmte Punkte als Startpunkte möglich?

A 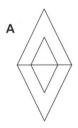 B   C  D

E   F 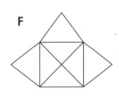 G   H

c Welche Punkte (A, B, C, D, E und F) können als Startpunkte
gewählt werden, um die Figur «in einem Zug» abzuzeichnen?
Begründe, weshalb nur diese Punkte Startpunkte sein können.

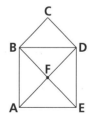

d Diese Figur kann nicht «in einem Zug» gezeichnet werden.
Wie viele Linienstücke musst du mindestens entfernen,
damit du sie «in einem Zug» abzeichnen kannst?

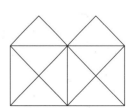

Formen

 Falte regelmässige Formen.

a Falte aus einem rechteckigen Papier ein gleichseitiges Dreieck.
Achte auf die eingezeichnete Linie im Dreieck.

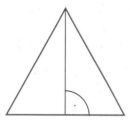

b Falte aus dem gleichseitigen Dreieck ein regelmässiges Sechseck.

 Stimmt die Aussage? Begründe deine Antwort.

a «Bei einem Dreieck sind zwei Seiten zusammen länger als die dritte Seite.»

b «Die Diagonalen in einem Rechteck unterteilen das Rechteck in vier gleich grosse Flächen.»

c «Jedes Parallelogramm kann in zwei gleiche Dreiecke zerlegt werden.»

d «Jedes Parallelogramm kann in ein Rechteck und zwei gleiche rechtwinklige Dreiecke zerlegt werden.»

e «Jedes Parallelogramm kann in zwei gleiche Parallelogramme zerlegt werden.»

Winkel

W6 Berechne Winkel.

a Welchen Winkel überstreicht der Stundenzeiger während 1 Stunde?
Welchen Winkel überstreicht der Stundenzeiger während 2, 4, 6, 9, 11 Stunden?

b Welchen Winkel überstreicht der Minutenzeiger während 30 Minuten, 15 Minuten, 10 Minuten, 1 Minute?

W7 Wie viel Zeit braucht der Minutenzeiger, um einen 45°-Winkel, einen 210°-Winkel, einen 144°-Winkel zu überstreichen?

W8 Bestimme den kleineren der beiden Winkel zwischen dem Stundenzeiger und dem Minutenzeiger.

a Um 18.20 Uhr
b Um 15.30 Uhr
c Um 7.45 Uhr
d Um 1.48 Uhr
e Wähle eine eigene Uhrzeit.

Körper

 Aus wie vielen Holzwürfeln besteht das Gebäude?

a

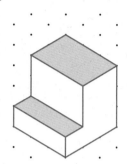

b

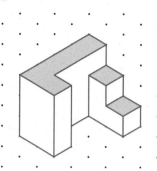

c

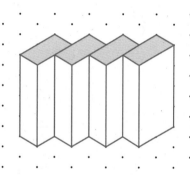

d

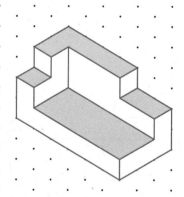

e

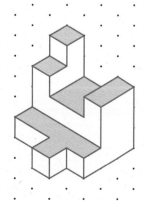

f

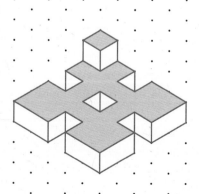

Platonische Körper

Jeder platonische Körper besteht aus gleichen regelmässigen Vielecken.
Alle Kanten sind gleich lang, und in jeder Ecke treffen gleich viele Kanten zusammen.

Es gibt fünf platonische Körper:

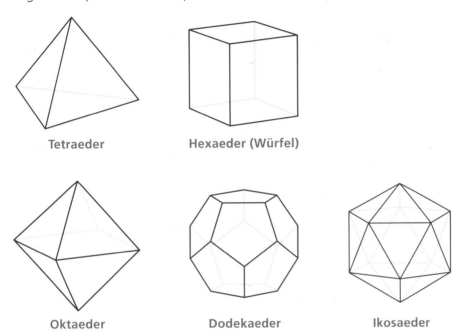

Tetraeder Hexaeder (Würfel)

Oktaeder Dodekaeder Ikosaeder

a Erstelle für die fünf platonischen Körper eine Tabelle mit den folgenden Angaben:
  ▪ Anzahl Flächen
  ▪ Anzahl Ecken
  ▪ Anzahl Kanten

b Stelle ein Kantenmodell eines Oktaeders, eines Dodekaeders oder eines Ikosaeders her.

Ansichten und Pläne

 Von einem Gebäude aus Holzwürfeln sind zwei Seitenansichten und die Aufsicht gegeben.

von vorne

von rechts

von oben

a   Der Bauplan ist durch die drei Ansichten nicht eindeutig bestimmbar. Zeichne drei mögliche Baupläne.

b   Das Gebäude soll aus möglichst vielen Holzwürfeln bestehen. Zeichne den Bauplan.

c   Das Gebäude soll aus möglichst wenigen Holzwürfeln bestehen. Zeichne die zwei möglichen Baupläne.

 Von einem Gebäude aus Holzwürfeln sind zwei Seitenansichten und die Aufsicht gegeben.

von rechts

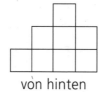

von hinten

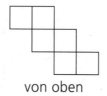

von oben

a   Aus wie vielen Holzwürfeln besteht das Gebäude höchstens?

b   Aus wie vielen Holzwürfeln besteht das Gebäude mindestens?

 Unterschiedliche Gebäude aus Holzwürfeln können gleiche Ansichten haben. Finde Gebäude aus je 8 Holzwürfeln, die unterschiedlich sind, aber die gleichen Ansichten haben (von vorne, von rechts und von oben). Zeichne die drei Ansichten und verschiedene Baupläne der Gebäude.

Symmetrie

 Parkettiere mit Pentomino-Formen (A bis L).

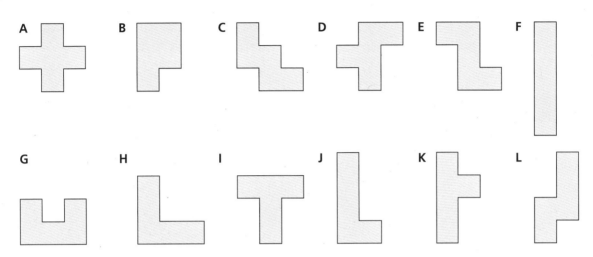

a Mit welchen Pentomino-Formen (A bis L) kannst du eine Parkettierung zeichnen?

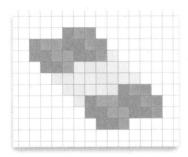

b Wähle zwei Pentomino-Formen. Versuche, mit den beiden Pentomino-Formen eine Parkettierung zu zeichnen.

Wertetabellen

 Lege quadratische Gitter mit Hölzchen.

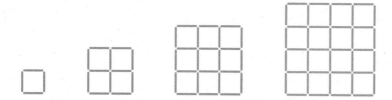

a Wie viele Hölzchen brauchst du für ein quadratisches Gitter mit einer Seitenlänge von 1, 2, 3, 4, 5 Hölzchen? Protokolliere in einer Tabelle.

b Wie viele Hölzchen brauchst du für ein quadratisches Gitter mit einer Seitenlänge von 25, 100, 499 Hölzchen?

c Beschreibe den Zusammenhang zwischen der Seitenlänge des Gitters und der Anzahl Hölzchen.

 Ein Computervirus verbreitet sich schnell über das Internet. Die Anzahl Computer, die vom Virus befallen sind, verdoppelt sich mit jeder Stunde.

Zu Beginn ist nur 1 Computer vom Virus befallen.

a Wie viele Computer sind nach 1 h, 2 h, 3 h, 4 h und 5 h vom Virus befallen? Erstelle eine Tabelle.

b Nach wie vielen Stunden sind mehr als 1000 Computer vom Virus befallen?

c Nach wie vielen Stunden sind mehr als 1 000 000 Computer vom Virus befallen?

Pro Portion

 Klebestifte im Angebot

Ein einzelner Klebestift kostet 1.75 Fr.
Ein Multipack mit 10 Klebestiften kostet 13.00 Fr.
Ein Multipack mit 24 Klebestiften kostet 30.00 Fr.

Wie kann am günstigsten eingekauft werden?
Denk daran, dass es manchmal billiger ist,
mehr Klebestifte als benötigt zu kaufen.

Bestimme den günstigsten Preis …

a   für 8 Klebestifte.

b   für 30 Klebestifte.

c   für 60 Klebestifte.

d   für 150 Klebestifte.

e   Erstelle eine Tabelle für den günstigsten Einkauf, wenn du 28, 29, 30, 31, 32, 33, 34
Klebestifte benötigst.

Proportional

 Der Autotank der Familie Moser wird an fünf verschiedenen Tagen vollgetankt.
Die Tanksäule zeigt jedes Mal eine andere Füllmenge und einen anderen Preis an.

Bestimme für jeden Tag den Preis für 1 l Benzin. Zu welchem Zeitpunkt war der Benzinpreis
am tiefsten?

20. Mai	5. Juni	17. Juni	2. Juli	9. Juli
30.0 l	**40.0 l**	**45.0 l**	**35.0 l**	**50.0 l**
51.00 Fr.	**70.00 Fr.**	**81.00 Fr.**	**66.50 Fr.**	**92.50 Fr.**

 Vergleiche Lebensmittel: Backwaren, Früchte, Gemüse, Milchprodukte, Fleisch, Fisch,
Gewürze, Tee, …

a Suche nach Lebensmitteln, bei denen der Preis pro kg besonders hoch ist.
Erstelle eine Tabelle und notiere jeweils den Preis und das Gewicht.
Welches ist das Lebensmittel mit dem höchsten Preis pro kg, das du gefunden hast?

b Suche nach Lebensmitteln, bei denen der Preis pro kg besonders niedrig ist.
Erstelle eine Tabelle und notiere jeweils den Preis und das Gewicht.
Welches ist das Lebensmittel mit dem niedrigsten Preis pro kg, das du gefunden hast?

 Stimmt die Aussage?
Zeichne Rechtecke auf Häuschenpapier.
Versuche, die Aussage zu begründen, oder widerlege sie mit einem Gegenbeispiel.

a «Wenn du die Länge des Rechtecks verdoppelst, besteht das neue Rechteck aus
doppelt so vielen Häuschen.»

b «Wenn du die Länge des Rechtecks verdoppelst, hat das neue Rechteck einen
doppelt so grossen Umfang.»

c «Wenn du die Länge und die Breite des Rechtecks verdoppelst, hat das neue Rechteck
einen doppelt so grossen Umfang.»

Schreibweisen von Grössen

 Bei einem Ski-Rennen werden die Laufzeiten auf Hundertstelsekunden genau gemessen.
Die Zeiten der beiden Läufe werden addiert.
Erstelle die Rangliste nach beiden Läufen.

Rangliste:
1. Lauf

Rang	Name	Zeit 1. Lauf
1	Gian	41.86
2	Kim	42.16
3	Amélie	42.29
4	Kai	42.44
5	Rafael	42.65

Rangliste:
2. Lauf

Rang	Name	Zeit 2. Lauf
1	Kai	46.04
2	Kim	46.36
3	Gian	46.67
4	Rafael	46.79
5	Amélie	47.08

 Die Arbeitszeiten werden im Büro manchmal in dezimaler Schreibweise in einem Zeitsystem erfasst.

Arbeitszeit
von Herrn Altmann

Arbeitszeit
von Frau Furrer

Arbeitszeit
von Herrn Graf

In Kalenderwoche 5		In Kalenderwoche 5		In Kalenderwoche 5	
Mo	7.3 h	Mo	8.5 h	Mo	7.3 h
Di	8.8 h	Di	9.2 h	Di	9.6 h
Mi	7.9 h	Mi	6.3 h	Mi	8.7 h
Do	9.1 h	Do	10.1 h	Do	8.4 h
Fr	7.5 h	Fr	8.7 h	Fr	8.1 h

a Rechne die Arbeitszeiten von Herrn Altmann in Stunden und Minuten um.

b Die vorgeschriebene Arbeitszeit beträgt $41\frac{1}{2}$ h pro Woche.
Wie viele Minuten haben Herr Altmann, Frau Furrer und Herr Graf in der Kalenderwoche 5 zu viel oder zu wenig gearbeitet?

Rechnen mit Grössen

 Rechne aus.

a $\frac{1}{4}$ kg + 2.75 kg

  5.075 kg + $\frac{1}{8}$ kg

  3.35 t – $\frac{3}{5}$ t

b $\frac{3}{10}$ l + 4.4 l + 400 ml

  60 cl + $\frac{3}{5}$ l + 0.6 l

  0.5 hl – 20 l – $\frac{1}{4}$ hl

c $2\frac{3}{4}$ h + 230 min

  5 h 25 min + $\frac{5}{6}$ h

  12 h 24 min – $\frac{1}{10}$ d

d 12.6 m + 70 cm + $\frac{7}{100}$ m

  15.2 km + $\frac{34}{100}$ km + 580 m

  0.84 m – 8.4 cm – $\frac{7}{10}$ cm

e 6 · $12\frac{1}{8}$ km

  5 · $2\frac{1}{4}$ l

  3 · $3\frac{3}{4}$ h

f 23.4 cm : 5

  23 l 4 dl : 4

  13 min 4 s : 7

g 16.4 m : 5 cm

  $37\frac{1}{5}$ l : 3 dl

  $8\frac{1}{2}$ h : 1 h 42 min

 Wie viele Tage dauert es …

a vom 16. Januar 2017, 12.00 Uhr, bis zum 16. August 2017, 12.00 Uhr?

b vom 12. Februar 2021, 12.00 Uhr, bis zum 30. Dezember 2021, 12.00 Uhr?

c vom 1. Januar 2025, 12.00 Uhr, bis zum 1. Juli 2035, 12.00 Uhr?

Textaufgaben

W11 Die Grossmutter schenkt Xenia und Simon zusammen 78 Fr.
Wie viel erhalten Xenia und Simon, wenn sie das Geld folgendermassen verteilen?

a Xenia und Simon legen 20 Fr. in eine gemeinsame Kasse.
Den Rest teilen sie gleichmässig unter sich auf.

b Simon erhält 2 Fr. mehr als die Hälfte des Gesamtbetrages.

c Xenia erhält 10 Fr. mehr als Simon.

d Simon erhält doppelt so viel wie Xenia.

W12 Daniela, Mario und Fatma haben in den Ferien zusammen 140 Fr. verdient.
Wie viel erhalten Daniela, Mario und Fatma, wenn sie das Geld folgendermassen verteilen?

a Daniela und Mario erhalten gleich viel. Fatma erhält 10 Fr. weniger als Daniela.

b Mario erhält 20 Fr. mehr als Daniela. Fatma erhält 10 Fr. mehr als Mario.

c Mario erhält das Doppelte von Daniela. Fatma erhält 10 Fr. weniger als Mario.

W13 Berechne die gesuchte Zahl.

a Wenn du zu einer Zahl 50 addierst, erhältst du gleich viel, wie wenn du die Zahl
verdoppelst.

b Wenn du zuerst das Vierfache und das Fünffache einer Zahl addierst, dann
dazu 45 addierst, das Resultat durch 9 dividierst und anschliessend 5 subtrahierst,
erhältst du 10.

c Wenn du vom Vierfachen einer Zahl 10 subtrahierst, erhältst du gleich viel,
wie wenn du zum Dreifachen der Zahl 5 addierst.

Proportionalität

 Auf einer Ferienreise durch Frankreich und Grossbritannien vergleicht Vanessa die Preise.
Welche Artikel sind dort günstiger als in der Schweiz?

a Rechne mit folgendem Wechselkurs: 100 Euro (€) entsprechen 120 Fr.

Artikel	In Frankreich	In der Schweiz
T-Shirt	21 €	24 Fr.
Jeans	55 €	69 Fr.
Turnschuhe	64 €	75 Fr.
Jacke	89 €	119 Fr.

b Rechne mit folgendem Wechselkurs: 100 Pfund (£) entsprechen 145 Fr.

Artikel	In Grossbritannien	In der Schweiz
Tasche	39.50 £	55.90 Fr.
Schirm	7.90 £	11.30 Fr.
Schuhe	79 £	119 Fr.
Fahrrad	320 £	464 Fr.

 Was hältst du von diesen Aufgaben?

a Das Kochen von 200 g Teigwaren dauert 8 min.
Wie lange dauert es, um 500 g Teigwaren zu kochen?

b Ein Fluss ist nach 20 km 8 m breit.
Wie breit ist er nach 50 km?

c Um ihre erste Million zu verdienen,
brauchte Frau Zehnder 8 Jahre.
Wie lange braucht sie, bis sich ihr Reichtum
auf 2.5 Millionen vergrössert hat?

d Findest du eine ähnliche eigene Aufgabe?

Mittelwert

Finde jeweils zwei mögliche Lösungen.

	4	7	9	15	18
26	32	35	41	46	55

Welche Zahlen im Kasten ergeben ...

a den Durchschnitt 20?   b den Durchschnitt 27?   c den Durchschnitt 40?

Ein Haushalt besteht aus Personen, die gemeinsam in einer Wohnung oder einem Haus leben.
Gemäss Bundesamt für Statistik lebten im Jahr 2011 in der Schweiz pro Haushalt durchschnittlich 2.2 Personen.

a ‣ Erstelle eine Liste mit einigen Haushalten, die du kennst. Trage die Anzahl Personen, die in jedem Haushalt leben, in die Liste ein.
   ‣ Berechne für deine Liste die durchschnittliche Anzahl Personen pro Haushalt.
   ‣ Vergleiche deinen Durchschnitt mit dem Durchschnitt der ganzen Schweiz. Beschreibe, was dir auffällt.

b Zeichne eine Skizze eines Mehrfamilienhauses und notiere zu jeder Wohnung die Anzahl Personen. Der Durchschnitt der Personen pro Haushalt soll dem schweizerischen Durchschnitt entsprechen.

Sachaufgaben

 Safran

> Safran ist ein Gewürz, das Speisen beim Kochen gelb färbt.
> Es wird zum Beispiel beim Kochen von Reis verwendet.
> Die Pflanze ist eine Krokusart, die in der Schweiz lange Zeit
> nur in der Gemeinde Mund (Wallis) angebaut wurde.
> Im Jahr 1979 war das Pflanzfeld in Mund erst ungefähr
> 500 Quadratmeter gross. 2012 mass das Pflanzfeld ungefähr
> 18 000 Quadratmeter. Das entspricht in etwa der Fläche von
> drei Fussballfeldern.
>
> Mitte Oktober bis Anfang November werden
> die Blüten der Safranpflanzen geerntet.
> Gleich nach der Ernte werden pro Blüte
> die 3 roten Safranfäden von Hand gezogen.
> Die Safranfäden werden 48 h in einem
> Raum zum Trocknen ausgelegt.
>
> Für 1 g Safran braucht es 130 bis 145 Blüten.
> Je nach Wetter können in Mund jährlich 1.5 kg bis 2 kg,
> bei günstigem Wetter sogar 3 kg Safran geerntet werden.
> 1 kg lässt sich für 14 000 Fr. bis 18 000 Fr. verkaufen.

a Vergleiche die Grösse der Pflanzfelder von 1979 und 2012.
   Wie viele Pflanzfelder von 1979 entsprechen dem Pflanzfeld von 2012?

b Wie viele Safranfäden müssen für 1 g Safran mindestens gezogen werden?

c Wie viele Blüten braucht es für 1.5 kg Safran mindestens?
   Wie viele Blüten braucht es für 1.5 kg Safran höchstens?

d Wie viel Geld wird bei günstigem Wetter und maximaler Erntemenge in einem Jahr
   eingenommen?

e Wie viele Fäden enthält eine Portion Safran von 0.125 g ungefähr?

f Schreibe eine eigene Frage auf, die du mithilfe der Angaben im Text beantworten
   kannst. Beantworte deine Frage.

Schätzen

 Untersuche eine Zeitung. Beschreibe dein Vorgehen.

a   Wie viele Buchstaben hat es ungefähr auf einer Seite?

b   Wie viele Buchstaben hat es ungefähr in der ganzen Zeitung?

c   Wie viele Wörter hat es ungefähr auf einer Seite?

d   Wie viele Wörter hat es ungefähr in der ganzen Zeitung?

e   Ist es schwieriger, die Anzahl der Buchstaben oder die Anzahl der Wörter einer Zeitung zu schätzen? Begründe deine Antwort.

 Wie würdest du vorgehen, wenn du …

a   die Anzahl der Reisenden in einem Zug schätzen willst?

b   die Anzahl Vögel in einem vorbeifliegenden Vogelschwarm schätzen willst?

c   die Anzahl Besucherinnen und Besucher an einem Fest schätzen willst?

Diagramme

 Die vier Liniendiagramme zur Entwicklung der Bevölkerung in der Stadt Zürich im 20. Jahrhundert basieren auf den gleichen Messdaten. In jedem Diagramm wird eine Auswahl der Daten dargestellt.

Messwerte alle 10 Jahre

Messwerte alle 10 Jahre

Bevölkerung der Stadt Zürich

Messwerte alle 5 Jahre

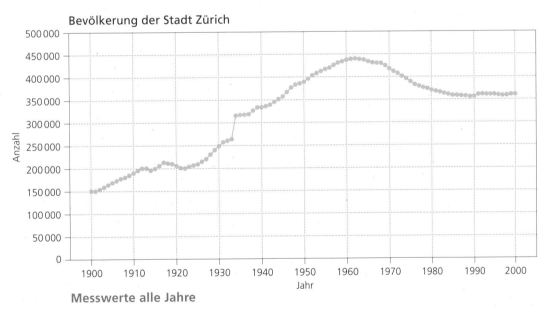

Bevölkerung der Stadt Zürich

Messwerte alle Jahre

a   Vergleiche den Verlauf der Linien in den Diagrammen. Beschreibe Gemeinsamkeiten und Unterschiede. Erkläre die Unterschiede.

b   Was fällt dir beim vierten Diagramm mit den jährlichen Messwerten auf? Versuche, deine Beobachtung zu begründen.

c   In Liniendiagrammen, die eine lange Zeitspanne umfassen, werden Messwerte oft nur alle 10 Jahre eingezeichnet. Was könnten die Gründe dafür sein?

Zufall und Wahrscheinlichkeit

 Jan will Sara, Livio oder Fatma besuchen. Der Zufall soll für ihn entscheiden, wen er besucht.

Auf seinem Weg wirft er an jeder Kreuzung einen Wendepunkt.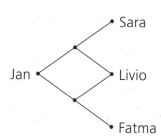
Liegt die blaue Seite oben, geht Jan nach links. Liegt die rote Seite oben, geht Jan nach rechts. So trifft er schliesslich bei Sara, Livio oder Fatma ein.

a   Zeichne das Wegdiagramm.
    Jan kann verschiedene Wege gehen.
    Färbe jeden Weg mit einer anderen Farbe.
    Wie viele verschiedene Wege hast du gefunden?

b   Wie viele Wege führen zu Sara, zu Livio,
    zu Fatma?

c   Jan hat in einem Jahr 160 Besuche bei Fatma,
    Sara und Livio gemacht.
    Wie oft könnte er ungefähr bei Sara, Livio,
    Fatma gewesen sein?

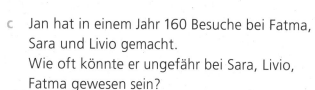

 Leonie will Kai, Pierre, Kim oder Gian besuchen. Der Zufall soll für sie entscheiden, wen sie besucht.

Auf ihrem Weg wirft sie an jeder Kreuzung einen Wendepunkt.
Liegt die blaue Seite oben, geht Leonie nach links. Liegt die rote Seite oben, geht Leonie nach rechts. So trifft sie am Ende ihres Weges bei Kai, Pierre, Kim oder Gian ein.

a   Bestimme, wie viele verschiedene Wege es gibt.

b   Wie viele Wege führen zu Kai, zu Pierre,
    zu Kim, zu Gian?

c   Leonie hat in einem Jahr 160 Besuche gemacht.
    Wie oft könnte sie ungefähr bei Kai,
    Pierre, Kim, Gian gewesen sein?

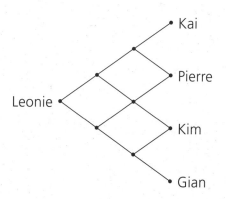

Regeln und Strategien

 Erstelle Rechenquadrate.

a   Erstelle ein Rechenquadrat mit möglichst vielen geraden Zahlen.
    Wie viele gerade Zahlen sind möglich?

b   Erstelle ein Rechenquadrat mit möglichst vielen ungeraden Zahlen.
    Wie viele ungerade Zahlen sind möglich?

 Untersuche Rechenquadrate mit vier aufeinanderfolgenden Zahlen.

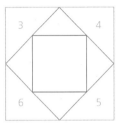

▸ Zeichne das Rechenquadrat ab. Bestimme die Zahl in der Mitte.
▸ Zeichne mehrere Rechenquadrate mit aufeinanderfolgenden Zahlen
  in den Ecken. Bestimme jeweils die Zahl in der Mitte.
▸ Erstelle eine Tabelle.

Kleinste der vier Zahlen	Zahl in der Mitte
3	

▸ Wie kann die Zahl in der Mitte direkt aus der kleinsten dieser vier aufeinanderfolgenden
  Zahlen berechnet werden?

Zahlen

Ganze Zahlen	z. B. 2, 72, 3000, 87 905

Zehnerpotenzen	10, 100, 1000, 10 000, 100 000, 1 000 000, …

Zahlen mit einer Wertziffer	z. B. 3, 7000, 100 000, 0.6, 0.002

Vielfache von Zehnerpotenzen

Zehnerzahlen	z. B. 40, 80, 140, 570, 4360
Hunderterzahlen	z. B. 200, 700, 1900, 2600, 34 700
Tausenderzahlen	z. B. 3000, 5000, 18 000, 72 000, 143 000
Zehntausender-Zahlen	z. B. 60 000, 80 000, 120 000, 880 000
Hunderttausender-Zahlen	z. B. 500 000, 700 000, 1 400 000

Brüche	z. B. $\frac{1}{4}$ $\frac{7}{8}$ $\frac{3}{9}$ $\frac{12}{5}$

Dezimalzahlen	z. B. 0.5, 0.75, 3.9, 80, 150.05
	Die Ziffern rechts vom Dezimalpunkt heissen Dezimale. Die Zahl 45.32 hat zwei Dezimalen.

Zahlen-Nachbarn

Nachbar-Tausender	z. B. 314 000 ⎡315 000⎤ 316 000	436 000 ⎡436 716⎤ 437 000
Nachbar-Hunderter	z. B. 5600 ⎡5700⎤ 5800	17 200 ⎡17 250⎤ 17 300
Nachbar-Zehner	z. B. 17 680 ⎡17 690⎤ 17 700	570 ⎡577.6⎤ 580
Nachbar-Einer (Nachbarzahlen)	z. B. 8543 ⎡8544⎤ 8545	15 ⎡15.87⎤ 16
Nachbar-Zehntel	z. B. 9.3 ⎡9.4⎤ 9.5	0.2 ⎡0.253⎤ 0.3
Nachbar-Hundertstel	z. B. 3.14 ⎡3.15⎤ 3.16	0.83 ⎡0.839⎤ 0.84

Quersumme	Die Quersumme einer Zahl ist die Summe ihrer Ziffern. Quersumme von 347 201: 3 + 4 + 7 + 2 + 0 + 1 = 17

Rechenoperationen

Addition

$$54\,000 \;+\; 16\,000 \;=\; 70\,000$$

Summand   Summand   Summe

Subtraktion

$$42\,000 \;-\; 9000 \;=\; 33\,000$$

Minuend   Subtrahend   Differenz

Multiplikation

$$12 \;\cdot\; 30\,000 \;=\; 360\,000$$

Faktor   Faktor   Produkt

Division

$$45\,000 \;:\; 50 \;=\; 900$$

Dividend   Divisor   Quotient

Verteilungsgesetz (Distributivgesetz)

Multiplikation:
$$7 \cdot 84 = (7 \cdot 80) + (7 \cdot 4)$$
$$9 \cdot 142 = (10 \cdot 142) - (1 \cdot 142)$$

Division:
$$156 : 6 = (120 : 6) + (36 : 6)$$
$$594 : 6 = (600 : 6) - (6 : 6)$$

Vertauschungsgesetz (Kommutativgesetz)

Addition:
$$16 + 75 = 75 + 16$$

Multiplikation:
$$7 \cdot 84 = 84 \cdot 7$$

Klammern

Klammern zeigen, was zuerst ausgerechnet wird.

z. B.

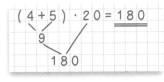

Terme

z. B. $9 \quad 3.1 \quad \frac{2}{7} \quad 40 + 60 \quad 2 : 7 \quad (35 - 27) \cdot 8$

Gleichungen

z. B. $4 \cdot 23 = 92 \quad 2 = 1.5 + \frac{1}{2} \quad 120 : 3 = 5 \cdot (6 + 2)$

Ungleichungen

z. B. $12 < 20 \quad 8.1 > 10 - 2.1 \quad 5 + \frac{1}{2} \neq \frac{5}{2}$

Geometrie

Raster und Koordinaten

Koordinaten

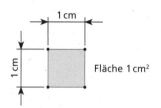

Fläche

Flächeninhalt

Umfang

Flächenmass

1 cm

1 cm

Fläche 1 cm²

Linien

Gerade

Strecke

Parallel

Senkrecht

rechter Winkel

Kreis

Kreislinie

Mittelpunkt

Radius

Durchmesser

Regelmässiges Sechseck

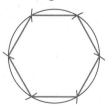

Dreiecke

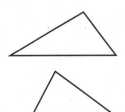

Gleichseitiges Dreieck

Gleichschenkliges Dreieck

Rechtwinkliges Dreieck

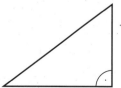

Vierecke

Rechteck	Quadrat	Parallelogramm	Rhombus
		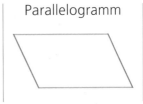	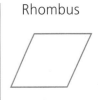

Winkel

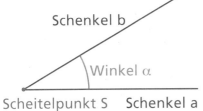

Schenkel b

Winkel α

Scheitelpunkt S   Schenkel a

Rechter Winkel
(90°)

Gestreckter Winkel
(180°)

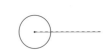

Voller Winkel
(360°)

Körper

Zylinder	Quader	Würfel	Kugel	Pyramide	Kegel

Symmetrie

Achsensymmetrie

Symmetrieachse

Drehsymmetrie

Drehpunkt
Drehwinkel 120°

Grössen und Daten

Längen

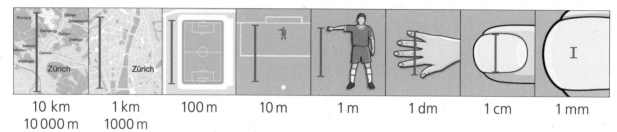

| 10 km | 1 km | 100 m | 10 m | 1 m | 1 dm | 1 cm | 1 mm |
| 10 000 m | 1000 m | | | | | | |

Gewichte

| 10 t | 1 t | 100 kg | 10 kg | 1 kg | 100 g | 10 g | 1 g |
| 10 000 kg | 1000 kg | | | | | | |

Hohlmasse

| 100 hl | 10 hl | 1 hl | 10 l | 1 l | 1 dl | 1 cl | 1 ml |
| 10 000 l | 1000 l | 100 l | | | | | |

Zeit
$$1\,d = 24\,h$$
$$1\,h = 60\,min = 3600\,s$$
$$1\,min = 60\,s$$

Wertetabellen

Menge in kg	Preis in Fr.
1	2.50
2	5.00
3	7.50
4	10.00
5	12.50

Menge in kg	–	Preis in Fr.
1	–	2.50
2	–	5.00
3	–	7.50
4	–	10.00
5	–	12.50

Menge in kg	1	2	3	4	5
Preis in Fr.	2.50	5.00	7.50	10.00	12.50

Proportionale Wertepaare

Menge	–	Preis
500 g	–	1.60 Fr.
1 kg	–	3.20 Fr.
2 kg	–	6.40 Fr.

:2, ·2 (links) — :2, ·2 (rechts)

Wenn ich die Menge verdopple, verdoppelt sich der Preis.
Wenn ich die Menge halbiere, halbiert sich der Preis.
Allgemein:
Wenn ich den einen Wert vervielfache, muss ich den anderen
Wert mit dem gleichen Faktor vervielfachen.

Diagramm

Säulendiagramm

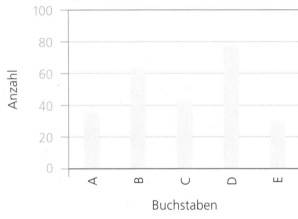

Balkendiagramm

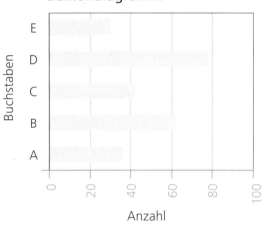

Punktdiagramm

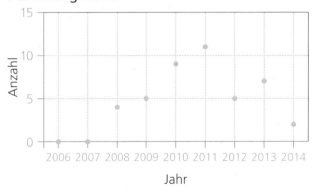

Liniendiagramm

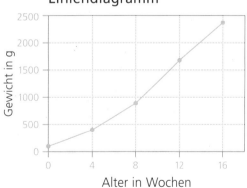

Rubriken-Achse   Werte-Achse   Skala

Quellennachweis